先进材料

董仁威 主编

孙　悦　董　晶　刘楷悦 编著

时代出版
时代出版传媒股份有限公司
安徽教育出版社

图书在版编目(CIP)数据

先进材料 / 孙悦,董晶,刘楷悦编著. —合肥:安徽教育出版社,2013.12
(少年科学院书库 / 董仁威主编. 第2辑)
ISBN 978-7-5336-7754-1

Ⅰ.①先… Ⅱ.①孙…②董…③刘… Ⅲ.①工程材料—少年读物
Ⅳ.①TB3—49

中国版本图书馆 CIP 数据核字(2013)第296031号

先进材料
XIANJIN CAILIAO

出 版 人:郑 可
质量总监:张丹飞
策划编辑:杨多文
统 筹:周 佳
责任编辑:张 浩
装帧设计:张鑫坤
封面绘图:王 雪
责任印制:王 琳

出版发行:时代出版传媒股份有限公司 安徽教育出版社
地 址:合肥市经开区繁华大道西路398号 邮编:230601
网 址:http://www.ahep.com.cn
营销电话:(0551)63683012,63683013
排 版:安徽创艺彩色制版有限责任公司
印 刷:安徽瑞隆印务有限公司

开 本:650×960 1/16
印 张:13.25
字 数:170千字
版 次:2014年4月第1版 2014年4月第1次印刷
定 价:26.00元

>>主编寄语

博览群书与成才

安徽教育出版社邀我主编一套《少年科学院书库》，第一辑16部已于2012年9月出版，忙了将近一年，第二辑13部又要问世了。

《少年科学院书库》有什么特点？“杂”，一言以蔽之。第一辑，数理化天地生，基础学科，应用学科，什么都有一点。第二辑，更“杂”，增加了文理交融的两部书：《万物之灵》和《生命的奇迹》，还增加以普及科学方法为特色的两部书：《探秘神奇大自然》和《气象科考之旅》。再编《少年科学院书库》第三辑的时候，文史哲，社会科学也会编进去，社会科学与自然科学共存。

《少年科学院书库》为什么编得这么“杂”？因为现代社会需要科学家具备广博的知识，需要真正的“博士”，需要文理兼容的交叉型人才。许多事实证明，只有在继承全人类全部文化成果的基础上，才能够在科学技术上进行创新，才能够为人类的进步作出新的贡献。

不久前，我同四川大学的几百名学子进行了一场博览群书与成才关系的互动式讨论。我用大半辈子的切身体会回答了学子们的问题。我说，我是学理科的，但在川大学习时却把很多时间放在读杂书上，读中外名著上。当然，课堂内的学习也很重要，是一生系统知识积累的基础，我在大学的课堂内成绩是很好的，科科全优，毕业时还成为全系唯一考上研究生的学生。

但是，不能只注意课堂内知识的学习，读死书，死读书，读书死。而要博览群书，汲取人类几千年创造的文化精粹。

不仅在上大学的时候我读了许多杂书，我从读小学时就开始爱读杂书。我在重庆市观音桥小学读书的时候，便狂热地喜欢上了书。学校的少先队总辅导员谢高顺老师，特别喜欢我这个爱读书的孩子。谢老师为我专门开办了一个“小小图书馆”，任命我为“小小图书馆”的馆长。我一面管理图书，一面把图书馆中的几百本书“啃”得精光。我喜欢看什么书？什么书我都喜欢看，从小说到知识读物，有什么看什么。课间时间看，回家看。我常常坐在尿罐（一种用陶瓷做的坐式便桶）上，借着从亮瓦中射进来的阳光看大部头书，母亲喊我吃饭了也赖在尿罐上不起来。看了许许多多的书，觉得书中的世界太精彩了。我暗暗发誓，长大了我要写上一架书，使五彩缤纷的书世界更精彩。这是我一生中立下的一个宏愿。

博览群书使我受益匪浅，走上社会后，我面对复杂的社会、曲折的人生遭遇，总能应用我厚积的知识，找出克服困难的办法，取得人生的成功。

现在，我已写作并出版了72部书，主编了24套丛书，包括《新世纪少年儿童百科全书》《新世纪青年百科全书》《新世纪老年百科全书》《青少年百科全书》《趣味科普丛书》《中外著名科学家的故事丛书》《花卉园艺小百科》《兰花鉴别手册》《小学生自我素质教育丛书》《四川依然美丽》等各种各样的“杂书”，被各地的图书馆及农家书屋采购，实现了我的一个人生大梦：为各地图书馆增加一排书。

开卷有益，这是亘古不变的真理。因此，我期望读者们耐下心来，看完这套丛书的每一部书。

董仁威

（中国科普作家协会荣誉理事、四川省科普作家协会名誉会长、时光幻象成都科普创作中心主任、教授级高级工程师）

2013年2月26日

沧海桑田，在时间流逝中人类也完成了从原始人向现代人的进化，每一个时代所使用的制造物品的物质成为这一阶段独特的标志，石料、青铜再到钢铁，标刻时代印记的物质构成了我们绚烂的材料画卷。材料，理所当然的成为人类生存和发展必不可少的物质。不妨看看现在的生活，凡是经过人类之手制造出来的东西，哪一样不是用材料制作的呢。没有了材料，恐怕自猿人向人类进化之始就已经是另外一种局面了吧！

材料的世界缤纷而又复杂，但是人类生活的日益进步也使得众多的材料“心有余而力不足”了。这就驱使科学家们不断的进行研究开发，开发出更多可以为人类利用的材料，取其美名曰“新材料”，又叫“先进材料”。这些材料性能超群，包含人类最新的科技成果，有些新材料普通人对它的认识甚至还停留在只存在于幻想中的水平。

当你看到硕大的卫星天线罩被小小的登月舱带上了月球，看到被撞瘪的汽车外壳只需一桶热水就恢复了原貌，看到你使用的笔记本电池瞬间充满了电……这些发生在我们周围的变化一定让你惊诧万分，以为自己产生了错觉，可它就是发生了，无论你相不相信，这就是新材料带给我们生活的巨大变化。

想必看到这里，对于新材料的求知欲更为强烈了，到底什么才是新材料，又有哪些新材料在什么领域中开始使用了呢？就让我们跟随笔者，一起来徜徉新材料的世界吧！

目录

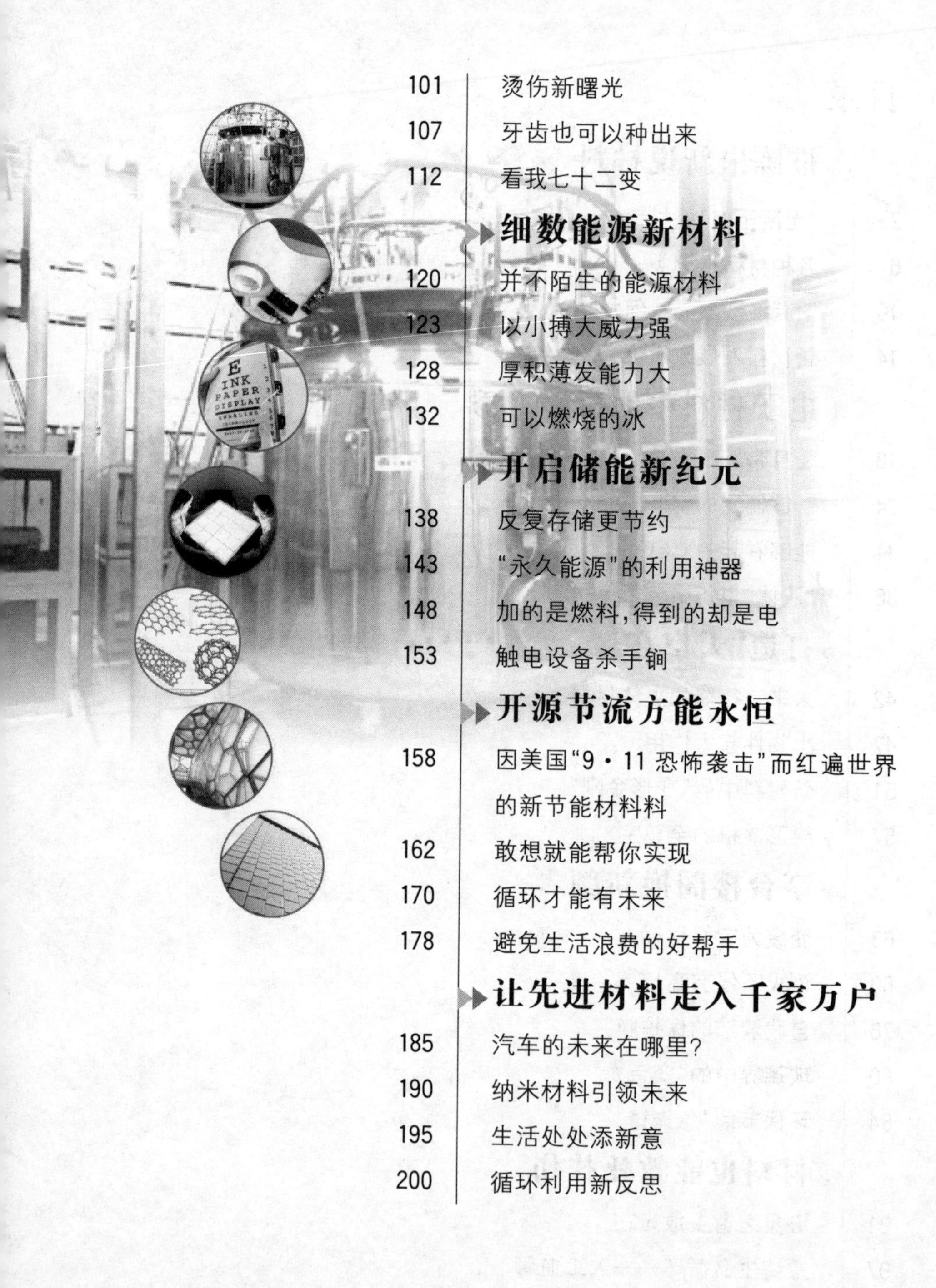
E
INK
PAPER
DISPLAY

推陈出新说材料

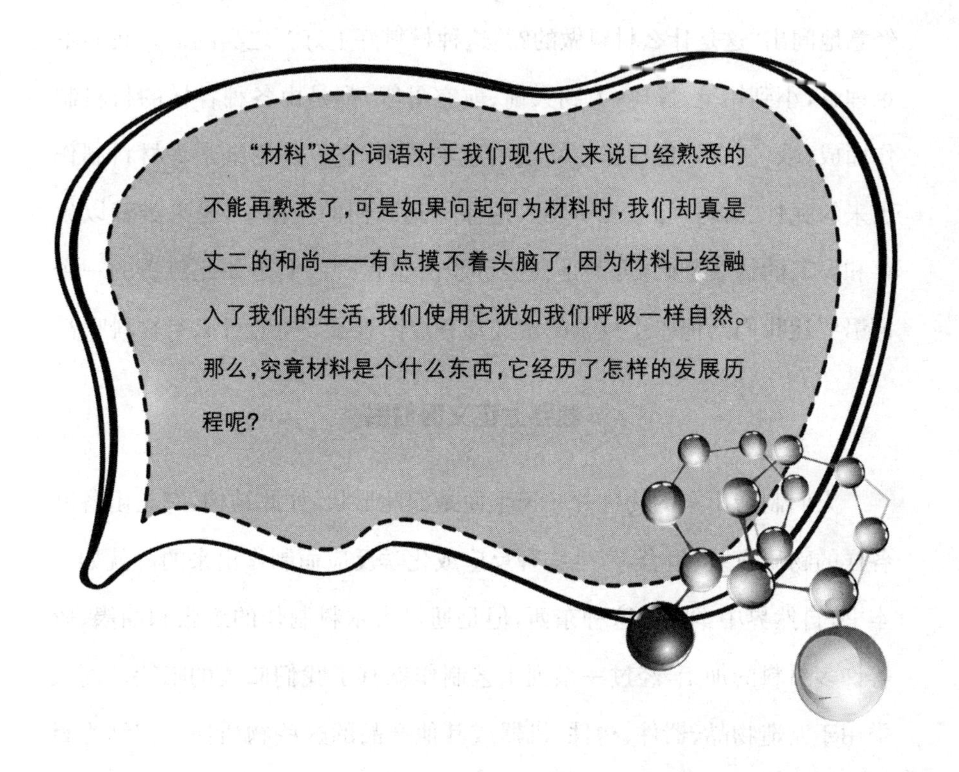

“材料”这个词语对于我们现代人来说已经熟悉的不能再熟悉了，可是如果问起何为材料时，我们却真是丈二的和尚——有点摸不着头脑了，因为材料已经融入了我们的生活，我们使用它犹如我们呼吸一样自然。那么，究竟材料是个什么东西，它经历了怎样的发展历程呢？

“无所不入”的材料

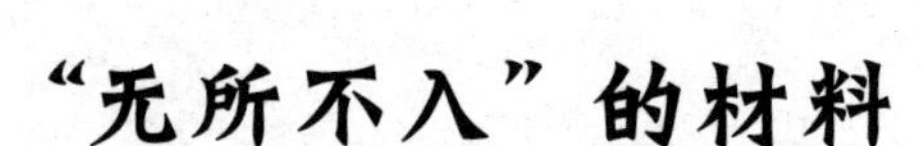

每当我们见到一个比较新奇的事物时，或者出去买东西时，总是会不经意地问出“这是什么材料做的?”“这种材料好不好?”之类的话。我们不难理解，小到铅笔、橡皮，大到火箭、航空母舰，都是由各种各样的材料制作而成，哦，还有你现在正在阅读的这本图书，这也是用纸浆等材料制作出来的呢！“材料”已经无所不入地渗透到我们的生活中，是人类赖以生存和发展的物质基础，可谓是社会进步的里程碑。但是如此熟悉的一个词语要让我们给他一个科学的定义却有点困难了。究竟什么是材料呢?

科学上定义的材料

人们制造出来的物件并非天生便是如此形状、如此结构，它是由各种各样的物质拼装、组合，产生物理反应或化学反应而制作出来的。就如一本书，自然界中本没有这种东西，但是通过由木料制作的纸张和油墨、胶等许多材料的加工，经过一系列工艺制作就有了我们阅读的书籍。而人类用于制造物品、器件、构件、机器或其他产品的这些物质便可归结为材料，也就是科学家们所说的宇宙间可以用于制造这些有用物品的固体物质。

材料的涵盖范围十分广泛，我们常常觉得所有东西都能用什么材料制作来形容，但是可不要误解，并非所有的物质都可以称之为材料，如燃料、化学原料、工业化学品、食物和药物，一般都不算是材料。当然这种定义并不严格，例如炸药、固体火箭推进剂，一般称之为“含能材料”，因为它属于火炮或火箭的组成部分。材料为人类社会可以接受，能够经济地制造出我们所需要的有用物件或者器件。因此材料的发展与人类社会的发展息息相关。

材料也是时代的产物

有历史学家把人类进化至现代社会依次分为十个时代：旧石器时代、新石器时代、铜器时代、铁器时代、水力机械时代、蒸汽机时代、发电机时代、内燃机时代、电子时代和信息时代。历史学家如此分类正是根据每个时代主导材料的不同，这种时代分类法也让我们清晰地看到了人类使用材料的演变过程，每一个时代都是一种主要材料的时代。

距今260万年前，东非的巧人开始做出一些由圆形砾石简单捶打而成的砾石器、砍器。可能他们并没有意识到使用这些石器究竟有多么重大的意义，仅仅是因为出于生存的本能而已，但是自那时起，人类已经进

入了旧石器时代。由旧石器时代、中石器时代向新石器时代的演进中,石料便成了这个时代的主要象征。

在漫长的石器时代中,人们无意中发现了上苍赐予的礼物——火。这种明亮亮、晃人眼、能将成片树木化为灰烬的“神物”能不能给我们生活也带来神奇的力量呢？于是人类将在自然中采集的火种加以利用。有了火,取暖、照明、驱除野兽等便不再成为难题,人们在探寻中学会了钻木取火等人工取火的技术,也找到了更多利用火的方式。这样,人们学会了烧制陶器。陶器的使用,使人类社会一跃进入了新石器时代,并在摸索中以制陶技术为基础发明了瓷器。中国是早期瓷器的发源地,工艺精湛,这也成为中华文明的一个标志。在烧制瓷器的实践中,人们逐渐发现了可以替代陶瓷的更好的材料,红铜与锡或者铅利用高温工艺混合成了青铜,性能良好的这种金属材料被逐渐推广开来,也使得人类步入了青铜时代。青铜材料的使用,令大家为之欢呼雀跃,尽管相对笨重,但是用在农具上,已经使得耕作效率有了极大的提升,农业经济也得到了较快的发展。炼铜技术的炉火纯青使得冶铁技术的出现变得理所当然。以铁为材料制造农具,使得处于农业社会的人们生产力得到了空前的提升,铁这种金属材料的使用又再次开启了人类的新纪元。我国从公元前3世纪,即秦汉时代起就进入农业经济发达社会,到了唐宋时代,经济繁荣,科学文化发达,社会安定,国泰民安,处于盛世,形成了我国封建社会的科学文化高峰。

18世纪西方工业革命席卷了整个世界,小作坊式的手工操作因不能满足生产力的需要而被工厂大机械生产所代替。于是各地工厂拔地而起,以钢铁为中心的金属材料大规模的发展,随之而来的是各种材料的变革。

第二次世界大战后各国致力于恢复经济,发展工农业生产,对材料提出质量轻、强度高、价格低等一系列新的要求。金属材料逐渐被一些性能极佳的工程塑料所代替，合成纤维、合成橡胶、涂料和胶粘剂等都得到相应的发展和应用。在这期间产生的合成高分子材料可谓材料发展的一大突破，从此以金属材料、陶瓷材料和合成高分子材料为主体，具有完整体系的材料科学形成了。

新时代对材料科学提出了新要求

20 世纪 70 年代，材料科学越来越受到人们的重视，在人们日常生活中占据了重要地位。那时人们已经把信息、材料和能源称为当代文明的三大支柱。

20 世纪 80 年代，是世界经济迅猛发展的时代，日新月异的新技术竞相大放异彩，世界范围内的高新技术迅猛发展，国家间的竞争也是日趋激烈，各国都在为自己能在世界市场上占有一席之地而争夺。生物科技、信息技术、空间技术、能源技术、海洋技术等，在这些领域不发展新型的材料是难以立足的，因此新型材料的开发本身就成为一种高新技术，可称为新材料技术，其标志技术是材料设计或分子设计，即根据需要来设计具有特定功能的新材料。在这个新技术革命的年代，人们又把新材料、信息技术和生物技术并列为新技术革命的重要标志。这时材料的重要性已经被人们充分的认识到，科学技术的发展对于材料不断提出了新的要求。

各种材料巧分类

那么材料究竟有多少种呢？恐怕这个问题没人能够说得清楚，因为在我们生活中处处可见材料的身影。想象一下世间如果没有了材料，那么恐怕我们现在还赤身裸体、茹毛饮血、风餐露宿地行走在死亡边缘呢！材料应用于各个领域，不同材料相互组合，构成我们所使用的物件，让我们生活更加缤纷多彩。材料多种多样、数量繁多，因此，只有将其分门别类，才更好的认识、研究他们。材料的分类如材料本身一般多种多样，并没有一个固定的标准，在国际上大致用以下几种方式将材料归类。

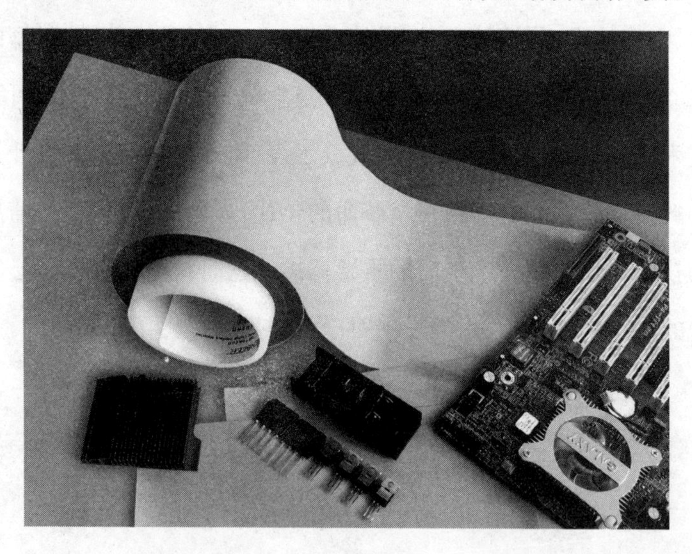

由基本组成引出的分类

按照材料的化学组成(或基本组成)分类,可以将其分为金属材料、无机非金属材料、高分子材料(高聚物)和复合材料。

金属材料是由化学元素周期表中的金属元素组成的材料,可以分为由一种金属元素构成的单质(纯金属),有两种或两种以上的金属元素或金属与非金属元素构成的合金。

无机非金属材料是除金属材料、高分子材料以外所有材料的总称,它的原料多样,是由硅酸盐、铝酸盐、硼酸盐、磷酸盐、锗酸盐、氧化物、氮化物、碳化物、硼化物、硫化物、硅化物、卤化物等原料经一定的工艺制备而成的材料。

无机非金属材料种类繁多,用途各不相同,也没有一个统一完善的分类方法。高分子材料则是由一种或几种简单低分子化合物经聚合而组成的分子量很大的化合物。高聚物的种类繁多、性能各异,其分类的方法多种多样,按高分子材料来源分为天然高分子材料和合成高分子材料;按材料的性能和用途可将高聚物分为橡胶、纤维、塑料和胶粘剂等。

复合材料是由两种或两种以上化学性质或组织结构不同的材料组合而成。复合材料是多相材料,主要包括基体和增强相。基体是一种连续相材料,它把改善性能的增强相材料固结成一体,并起传递应力的作用;增强相起承受应力(结构复合材料)和显示功能(功能复合材料)的作用。复合材料既能保持原组成材料的重要特色,又通过复合效应使各组分的性能互相补充,获得原组分不具备的许多优良性能。

另一种分类方式则是根据材料的性能进行分类,在外场作用下材料的性质或者性能对于外场的响应不同,可以分为结构材料和功能材料。

结构材料顾名思义，是以结构为目的的材料，它具有抵抗外场作用而保持自己的形状、结构不变的优良力学性能(强度和韧性等)。结构材料通常用于制造工具、机械、车辆和修建房屋、桥梁、铁路等，是人们熟悉的机械制造材料、建筑材料，包括结构钢、工具钢、铸铁、普通陶瓷、耐火材料、工程塑料等传统的结构材料(一般结构材料)以及高温合金、结构陶瓷等高级结构材料。而与之相对应的功能材料则具有优良的电学、磁学、光学、热学、声学、力学、化学和生物学功能及其相互转化的功能，被用于非结构目的的高技术材料。

按“维”分材料

最有趣的分类则应该算是将材料按照尺寸进行分类，可以分为零维材料、一维材料、二维材料、三维材料等。这里所说的“维”是说其尺寸而并非其空间概念。零维材料即超微粒子，通过 Sol－gel 法、多相沉积或激光等方法，可以制备出亚微米级的陶瓷或金属粉末，大小 1～100 纳米的超微粒比表面积大(可作为高效催化剂)、比表面能高、熔点低、烧结温度下降、扩散速度快、强度高而塑性下降慢、电子态由连续能带变为不连续、光吸收也发生异常现象(可以成为高效微波吸收材料)。一维材料，如光导纤维由于其信息传输量远比铜、铅的同轴电缆大，而且光纤有很强的保密性，所以发展很快。再比如脆性块状材料在变成细丝后便增加了韧性，可以用来增强其他的块状材料的韧性。实用纤维有碳纤维、硼纤维、陶瓷纤维。纤维中强度和刚度最高的是晶须。二维材料(薄膜)，如金刚石薄膜、高温超导薄膜、半导体薄膜。由于薄膜的电子所处状态和外界环境的影响，可表现出不同的电子迁移规律，完成特定的电学、光学或电子学功能，如成为绝缘体、铁电体、导体或半导体等，从而有可能作为光学薄膜用于非线性光学、光开关、放大或调幅、敏感与传感元件，用于显示或探测器，用于表面改性的保护膜。三维材料即块状材料。

按服役领域分材料

按照材料的服役领域来分类，则可以分为信息材料、航空航天材料、能源材料、生物医用材料等。

按其物理效应来分，材料可以分为压电材料、热电材料、铁电材料、非线性光学材料、磁光材料、电光材料、声光材料、激光材料等；按照用途可以分为电子材料、电工材料、光学材料、感光材料、耐酸材料、研磨材料、耐火材料、建筑材料、结构材料、包装材料等；按照其部位即材料在空间中的使用部位来将其分类，可以分为内墙材料、外墙材料、顶棚材料、地面材料等。但这种分法确立之后，我们遇到一种材料既可以用到室内，也可以用到室外。在室内，一种材料既可以用在地面、墙面，又可以用到顶棚上去，如石材、涂料等。如果一块石片贴到顶棚、墙面、地面上，人们就会对有些材料的分类归属产生疑问。由此看来，要想把材料分清楚，只有从材料的本质及化学组成上来分。

每一种材料并不仅仅存在于一种分类中，随着材料科学的不断发展，分类也越来越科学，包含的材料也越来越多。

旧貌换新颜——何为新材料

日新月异的时代

在21世纪的今天，如果你静下心来仔细看看我们周围的环境，就会发现，她正在以我们不易察觉的方式完成自己一次次的换装。跨越20世纪生活在21世纪今天的笔者也力证着周围所发生的变化：从前的平房大院变成了筒子楼又变成了高高的高级居民区，20世纪90年代的霸气威武的“大哥大”越来越小，越来越方便，一直到现在仅有几毫米厚的智能手机……身处其中不知其滋味，回想往昔恍若梦境一般。短短几十载，新科技带给我们的已远远不是头脑中的新奇，而是实实在在生活感触。然而这些新科技促使生活的变化，最终的落脚点在材料的巨大革新上。试想，如果制作手机的材料不能产生巨大的进步，我们的工业还停留在远古时期刀耕火种的时代，仅仅依靠出色的工业设计设计出超薄超炫的手机又有何用呢？只不过是再次被人津津乐道或者瞬间遗忘的科幻场景而已。

我们又能看到，在科幻电影科幻小说中的高科技产品与未来情境正在逐渐变成现实：从最早儒勒·凡尔纳小说中的航空器、阿瑟·克拉克笔下的地球同步卫星，到可以攀爬墙壁的手套、能够如打印机一般打印任何产品的“打印机”等，这些认为只能想象出来的高科技产品已经逐渐被人们使用甚至普及。十九世纪的人们恐怕很难接受我们现在一人一部可以随意接听远在万里的人们的实时信息这一事实吧。而这些物品能够制作成功，与材料的革新又无不相关相切。

新材料新在何处

材料的历史伴随着人类文明的演进，从第一代、第二代天然材料的利用到第三代我们利用合成的方法合成出自然界并不存在的材料，一直到现在我们立足于高新技术而创造的材料。不断发展、不断革新正是材料所具有的特性，这也催生新材料（先进材料）名词的产生。其实严格意义上讲，新材料仅仅是一个相对的概念，有新才会有旧，新旧都是依托于当时的时代背景来作出判断的，每个时代都有具时代的先进材料，当然我们现在所指的新材料通常为近几十年为之创新的材料。新型材料与传统材料之间并没有明

显的界限，传统材料通过采用新技术，提高技术含量，提高性能，大幅增加附加值后更加适用人类生活的即成为新材料。新材料一般满足几个条件：①新出现或正在发展中的具有传统材料所不具备的优异性能的材料；②高技术发展需要，具有特殊性能的材料；③由于采用新技术，使材料性能比原

有性能有明显提高，或出现新的功能的材料。

各式各样的新材料

各国对于新材料的重视日益加强，对于我们普通人来说，新材料的发展更是直接关切我们的日常生活。新材料是材料的一种延伸与发展，是材料科学自然发展的结果。材料自古便关系着我们的衣食住行，新材料自然不甘落后，尽管传统材料依旧作为很多领域内的主导，但新材料的开发和利用也为众多领域带来了新气象，甚至已经成为未来的发展趋势，可以说，新材料已经成为各个领域的种子选手了。

随着人类社会大步跨入信息时代，电子材料制作的各种设备理所应当地成为人们日常信息获取的载体，传统的硅材料固然好，可是造价高，制造相对困难也是大问题，使用新型塑料材料制作的塑料芯片让生产成本呈几何数字下降；当你还在天天为到底该拿什么书去上课而发愁时，利用电子墨制作的电子书和电子报纸也轻松解决了这一难题，轻便的便携设备让你随手带着图书馆；商场购物东西多，排队等待收银员太浪费时间，RFID 标签让你大摇大摆走过检测器，瞬间结账付款。

人类总是对浩瀚的宇宙充满幻想与渴望，有一天能够长出翅膀尽情翱翔。冲破天际的欲望也使得各式各样的飞行器被制造出来，航空航天的特殊性也让尖端新材料应用其中，各种各样的复合材料成为新型航空器的主体材料，更加轻便也更加坚固；“寸土必争”的形状记忆合金运用它神奇的伸缩功能将飞行器上的每一克重量、每一寸空间发挥到极致；隐形材料则为飞行器披上了一层神秘的面纱，仿佛神话传说一般改写着军事航空航天领域的历史。

高楼大厦、亭台楼阁，层出不穷的建筑成为人们为地球织出的又一层外衣。追求美观、安全、环保的现代建筑自然需要在使用材料上推陈出新。新型防火涂料、耐火材料,将火灾隐患降至最低;人造石材则将边角料变废为宝生产出一块块美观的建筑用料;琳琅满目的玻璃新材料更是让现代建筑环保、节能的理念发挥得淋漓尽致。

人有悲欢离合,月有阴晴圆缺,谁都不能保证有生之年不遇到些无妄之灾。疾病将一个健康人活活折磨成“骷髅”一般的例子并不在少数,于是人们只能寄托于现代医疗技术为我们带来有效的治疗手段。新材料也是现代医疗的重要推力:近视的人越来越多,“心灵的窗户”将要日渐模糊,使用新材料制作的隐形眼镜和人造角膜,在保证了美观的同时也让眼睛重放光彩,还你一个明亮的世界;心脏病和需要血液透析的尿毒症患者,这些病人的血管往往已不能起到原有的作用,使用尼龙、涤纶、聚四氟乙烯(PTFE)等合成材料制成的人造血管,可以替代病人早已功能失效的血管,使人重回健康……

不仅仅在这些方面,在节能环保、能源、生物科学等领域,新材料都大有作为。新材料不断吸取最先进的科技成果,逐渐应用到当今人们研究热点和重点应用领域中。

新材料发展政策优

材料是人类生存的基础，材料的不断发展也是改变我们生活的主要动力。新材料的研究与开发一直受到各国的关注，这也是各国能否在新世纪立足于世界的关键因素。

世界各国新材料的发展

直至今日，美国依旧在新材料领域占据主导地位。在1991年，美国发表的《国家关键技术》等一系列报告认为，材料领域的进展几乎可以显著改进国民经济所有部门的产品性能，提高它们的竞争能力，因此把新材料列为六大关键技术领域的首位，并制定了一系列与新材料相关的计划，主要包括："21世纪国家纳米纲要""国家纳米技术计划(NNI)""未来工业材料计划""光电子计划""光伏计划""下一代照明光源计划""先进汽车材料计划""化石能材料计划""建筑材料计划""NSF先进材料与工艺过程计划"等。多年的国家战略支持与技术积累，使得美国在新能源、纳米及生物技术等方面形成一定的技术优势，美国更是提出新材料科技战略目标：保持本领域的全球领导地位，支撑信息技术、生命科学、环境科学和纳米技术等发展和满足国防、能源、电子信息等重要部门和领域的需求。美国国家研究理事会和国家材料咨询委员会等认为，材料发展应该在美国遭受"9·11"袭击、国家能源消耗快速增长、材料科学与工程劳动力和教育策略快速转变等背景下，满足国家对于材料的紧迫需求。美国把生物材料、信息材料、纳米材料、极端环境材料及材料计算科学列为主要前沿研究领域。美国总统奥巴马发起“能源新政”及其“绿色产业革命”，必将新材料的研究推向新的高潮。

早在 1985 年，西欧就已经意识到高科技的发展落后于美国、日本，能否在高科技领域做出突破是未来战略发展的关键。由法国和联邦德国共同发起，除了计算机、自动化与通讯之外，新材料尤其是高效涡轮机新材料也成为该项目的主要研究方向。

2003 年 9 月，欧盟召集专家共同探讨材料学的未来发展，决定着力推动催化剂、光学材料和光电材料、有机电子学和光电学、磁性材料、仿生学、纳米生物技术、超导体、复合材料、生物医学材料以及智能纺织原料等 10 大材料研究领域的发展。欧盟第 6 个框架计划确定了 7 项优先主题，与材料有关的就有信息社会技术、纳米技术和多功能材料及其新的生产工艺和设施，航空和航天，可持续发展、全球变化和生态系统 4 项。目前，欧盟新材料科技战略目标是保持在航空航天材料等某些领域的领先优势。

与我国隔海相望的日本也在新材料领域不甘示弱。日本对于新材料的研发与传统材料的改进采取并进的策略，注重于已有材料的性能提高、合理利用及回收再生，并在这些方面领先于世界。而在尖端领域，日本强调赶超欧美，纳米技术与材料更是被日本列为四大重点发展领域之一。

除欧美及日本世界几个发达国家外，其他各国也是突出新材料产业在其国家的重要地位。韩国将新材料发展作为国家竞争力的 6 项核心技术之一；作为传统大国，俄罗斯的新材料发展战略继续保持航空航天、能源工业、化工、金属材料、超导材料、聚合材料等领域的传统优势，在航空与国防方面与美国抗衡。

我国日益发展的新材料科学

随着经济迅猛发展，已经成为世界上第二大经济体的我国在新材料产业引导上更是下了狠力气。尽管我国新材料产业起步较晚，新材料总体水平与一些发达国家相差约10～15年，但是新材料产业发展势头有增无减。2010年，我国化工、无机非金属、黑色金属、稀有金属、稀贵金属等新材料产业规模已达1万亿元，新材料产业可谓蓬勃发展。而我国“十二五规划”中更是确定“到‘十二五’末，初步形成自主创新能力较强、具备相当规模、特色鲜明的新材料产业体系；建成若干专业优势突出、产业配套齐全的新材料产业基地；培育一批创新能力强、具有核心竞争力的领军型企业。主要新材料基本满足国民经济建设和国防军工的需要，努力将我国由材料大国建设成为新材料强国。”

电子材料中的后起之秀

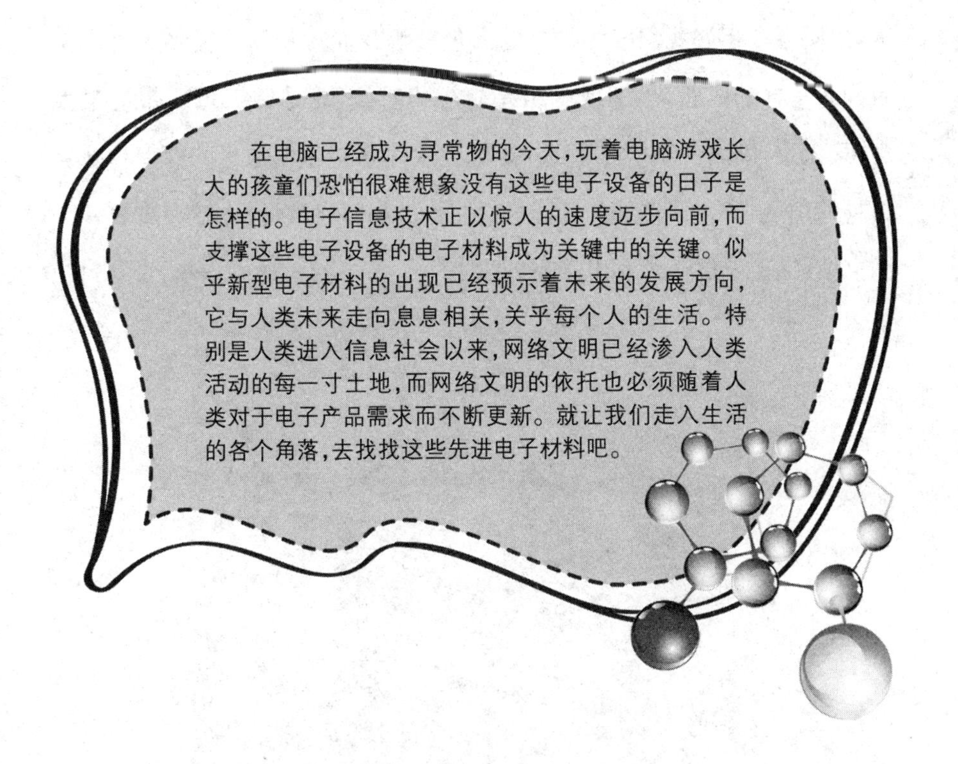

在电脑已经成为寻常物的今天，玩着电脑游戏长大的孩童们恐怕很难想象没有这些电子设备的日子是怎样的。电子信息技术正以惊人的速度迈步向前，而支撑这些电子设备的电子材料成为关键中的关键。似乎新型电子材料的出现已经预示着未来的发展方向，它与人类未来走向息息相关，关乎每个人的生活。特别是人类进入信息社会以来，网络文明已经渗入人类活动的每一寸土地，而网络文明的依托也必须随着人类对于电子产品需求而不断更新。就让我们走入生活的各个角落，去找找这些先进电子材料吧。

随身带着图书馆

上学时，各种各样的课本看的人眼花缭乱，每天背着沉沉的书包回家，妈妈老是担心我们因为过重的书包影响我们的身高。很多人可能有着和我一样的体验，出门或者出差旅行的时候，总是惆怅想要带的书太多，又太重，满满一箱子厚重的书本总也免不了超重的命运。而一种新的材料的出现，替代了传统的纸质材料制作的书籍，可以让你随身带着一个图书馆，这就是电子纸和电子墨。

何为电子墨、电子纸

电子纸和电子墨看似与纸和墨一样是相互依存的两个事物，但其实却不同，他们相互依存，是合二为一的东西。简单来说，电子纸是一张薄胶片，而在胶片上涂上一层带电的物质，这便是电子墨。

电子纸的学名叫做 Electronic Paper（简称 E-Paper），也称数字纸（Digital Paper）、类纸显示器（Paper-Like Display），是一种视觉效果与纸张相似的电子显示装置。采用柔性基板材料制造出来的柔性电子纸，能够像纸张一样轻薄、可卷绕或折叠以便于携带。目前柔性电子纸可采用塑料、薄型金属和超薄玻璃基板等。柔性电子纸在整体结构上一般可分为“前板”（Front Plane）和“后板”（Back Plane）两部分，前板主要指电子纸外层的显示介质部分，后板则主要是指电子纸的驱动电路部分。

而有了电子墨，才有了电子纸。当纸质书籍导致的资源消耗日益严重，电子书籍的兴起使得人们开始思考是不是可以将电子书存放于一个可以和纸质书拥有一样的阅读体验的设备呢？

电子纸与电子墨的珠联璧合

20 世纪 70 年代，当时还是施乐（Xerox）的帕洛阿尔托研究中心（Palo Alto Research Centre，PARC）的尼克·谢立丹（Nick Sheridon），就提

出了电子墨和电子纸的概念。PARC 在当时可是激光打印机、面向对象编程技术、计算机图形界面等众多影响 20 世纪历史发展进程的重大技术的诞生地，因此此项技术的提出也引起较大的反响。但是，真正将其发扬光大的却是美国麻省理工学院（MIT）的贝尔实验室，1996 年 4 月，贝尔实验室成功的制造出了电子纸的原型。后来，PARC 奋起直追，在 2000 年新世纪到来之际，PARC 发布了 Gyricon 的样品，宣告这项新显示技术全面进入市场。电子纸和电子墨的研究开发，至今已走过了 40 多个年头。在 20 世纪 70 年代，日本松下公司首先发表了电泳显示技术，施乐公司当时也已开始研究，然而最初研究出的普通电泳由于存在显示寿命短、不稳定、彩色化困难等诸多缺点，实验曾一度中断。20 世纪末，美国 E-ink 公司（它是由朗讯公司，摩托罗拉公司以及数家风险投资公司为了开发电子纸于 1997 年成立的企业）利用电泳技术发明了电泳油墨（又称电子墨水），极大地促进了该技术的发展。

电子墨水（E-ink）这种新型材料是化学、物理学和电子学多学科发展出来的产物，这种材料可被印刷到任何材料的表面来显示文字或图像信息。电子墨水的名字也充分表现了它的形态——形似水，是一种液体材料。在这种液态材料中悬浮着成百上千个与人类头发丝直径差不多大小的微囊体，每个微囊体由正电荷粒子和负电荷粒子组成。只要采取一定的工艺就能将这种电子墨水印刷到玻璃、纤维甚至是纸介质的表面上，当然这些承载电子墨水的载体也需要经过特殊的处理，在其内部针对每个像素构造一个简单的像素控制电路，这样才能使电子墨水显示我们需要的图像和文字。

类型各异的电子纸与电子墨

电子纸和电子墨拥有不同的类型，使用的先进材料也不尽相同。

微胶囊技术：由 E-ink 公司和美国麻省理工学院一起研究开发的微胶囊式电泳技术是电子纸市场的主流技术，该技术是将带电的白色氧化钛颗粒和黑色碳粉粒子封装在微胶囊中，并将微胶囊和电解液封装在两块间距为 10～100 毫米的平行导电板之间，利用带电颗粒在电场作用下向着与其电性相反的电极移动的特性，绘制出黑白图像。

在白色粒子中使用了氧化钛的微粒子，在蓝色的绝缘性液体中，带有电荷并稳定地分散着。将此微胶囊用硅树脂作黏合剂涂布到带 ITO 电极的胶片上，再以离子流方式将负电荷图案施予表面，则白色粒子便移动到微胶囊的下部，于是从表面绘出蓝色图像，然后，全面施予正电荷，则白色粒子便移动到微胶囊的上部，于是表面便变成白色，图像即被消掉。将单一色调的带电粒换成不同色光的材料，就可以形成彩色图像，其全部厚度已经可以达到 0.2 毫米。但这种方式还是存在很多问题，主要是应答速度还只能在 100 毫秒左右，因此还不能很好地适应视频图像的连续播映。

拧转球(旋转球)技术：美国 Xerox 公司和 3M 公司(明尼苏达矿务及制造业公司)共同研究出拧转球(旋转球)方式的电子纸。这种电子纸是制造一种两个半球分别为白色与黑色的球形微粒子，再把每个粒子涂成黑和白各一半的粒子用硅树脂作黏合剂涂在带有电极的胶片等支持体上，在粒子的周围以特定的液体填充形成空穴。它由电场来控制其方向，这样就可以使用黑和白两种色彩来产生图像。但是由于只有黑和白两种色彩，因此显示出的图像自然只能是黑白图像，而不能将其色彩化了。

双色性染料液晶技术：电子纸技术早期大多由欧美国家领先，而其他国家也在此方面奋起直追，双色性染料液晶材料便是有大日本印刷公司和东海大学共同研制出来的。这种技术是将具有记录性的蝶状液晶分子中掺上双色性的染料分子形成包晶状，当外部施加电压时，液晶分子的排列便会发生变化，同时也使色素的吸收产生了变化。具体构成时，便是在ITO透明电极上，将液晶、双色性染料以及树脂的混合物涂在约6微米厚的支持体上，开始时色素构成不规则方向，呈灰色，但随着离子流记录写入图像，染料便取向生成白色图像的记录。接着对这个媒体加热到60℃以上，就会退回原先的灰色状态，从而可以消去图像。如果与此方式相反，根据电晕放电先形成白色状态，亦可用热敏头进行热致写入来形成图像。

电子液态粉末技术：普利司通（Bridgestone）采用独创的电子液态粉末技术制造出了称之为快速响应电子粉流体显示器（Quick Response Liquid Powder Display）的电子纸。此种技术是将树脂经过纳米级的粉碎处理后，形成了带有不同电荷的黑、白两种粉体，把这两种粉体填充进使用空气介质的微杯封闭结构之中，在利用上下电极电场使黑白粉体在空气中发生电泳现象从而成像。

相对于这几种主流的电子纸技术，其他很多公司也推出了自己的电子纸电子墨技术，如明基友达集团旗下企业达意科技独创的“微杯”技术，是在尺寸相同的微杯中填充白色的颗粒和着色液体通过上下移动颗粒使颗粒的颜色和液体的颜色交替出现从而显现图像；富士通公司使用的技术名字非常有趣，叫“胆固醇液晶显示”技术，这种非传统的显示技术是因为使用的材料结构类似胆固醇分子而得名，胆固醇液晶是一种呈螺旋状排列的特殊液晶模式，通过添加不同旋转螺距的旋光剂，能够调配出红、绿、蓝等颜色从而成像；Liquavista 开发的电湿润（electrowetting）技术借助控制电压来控制被包围的液体的表层，通过液体张力的变化，导致像素的变化。

“前途光明”的电子书

这么多电子墨水新技术，使用了多种多样的新材料。电子纸和电子墨水也使得我们的阅读生活与阅读体验充满了神奇色彩。当然，现在的电子墨与电子纸技术还很不成熟，我们可以看到市场上大多数的电子书还都没有达到彩色的效果，使用稳定性也较差。电子书更轻更薄，反应更为迅速逐渐会成为主流，而当然，全彩色的显示更是必不可少。想象一下未来，一个超薄的显示器便可以在不伤眼睛的情况下为你装进了“整座图书馆”，让你不必为找不到孤本、绝版书而烦恼，让你走到哪都不必拖着重重的书籍，何乐而不为呢！

一键搞定的物联生活

生活琐事的解决方案

不知在你生活中是否会遇到这些情况：当你刚刚满心欢喜在超市中一通扫荡，推着满满一购物车的东西走到收银台处时，就不禁犯愁了，收银台前排起了长长的队伍都等待售货员挨个扫描算账付款，而你瞅瞅你的购物车里满满当当，就光扫描付款就得花费多少时间啊！购物后的愉悦心情立刻消失的无影无踪；图书馆借书，繁杂的借阅手续让人愁眉不展；生病去医院就诊，可是不同的医院使用不同的医疗本使得我们不得不将已经叙述了千万遍的病史重复重复再重复；家中养着几只小猫，可是一到饭点"抢食的惨状"令人忍俊不禁又心生无奈……

种种这些麻烦事总会不止一件两件地出现在我们的生活中，三番五次地被这些琐事弄得心情糟糕，我们不禁在想，究竟有没有可以解决的方法呢？当然有，那就是无线射频识别标识技术(RFID)。

超市采购结束后，你无须再去排队等候收银员挨个读取你的商品条形码，只须推着满满的货品走过检测器，只需几十秒，货品总额立马显现；想要在图书馆借阅图书，无须去找图书管理员去办理繁琐的借阅手续，只须走过检测器，自动借还系统中输入密码，即可轻松借阅书籍；医院就诊更是便利，建立电子病历后，通过它，无论走到哪，医生立马知晓病史及用药情况，医护人员工作有条不紊,医生和患者也会喜笑开颜;猫多抢食别犯愁,只需在猫脖子上通过RFID标签来开启关闭食物仓,并且一个标签对应一个食物仓,以确保只有它自己能够打开食物仓门,猫儿再也不会抢食……

便利人们生活的事例数不胜数,而这一切都要归功于RFID标签。

RFID **标签**

究竟如此神奇的RFID是什么呢?

RFID是Radio Frequency Identification的简称,中文译为电子标签,又称无限射频识别技术,这是为了迎合人们在快节奏的生活中能够找到更为简洁高效的手段而产生的。它是一种突破性的技术,其一,它可以识别单个的非常具体的物体,而不是像条形码那样只能识别一类物体;其二,它采用的无线电射频,可以透过外部材料读取数据,而条形码必须靠激光来读取信息;其三,它可以同时对多个物体进行识读,而条形码只能一个一个地读。此外,RFID储存的信息量也非常大,而且具有条形码所不具备的防水、防磁、耐高温、使用寿命长、读取距离大、标签上数据可以加密、存储数据容量更大、存储信息更改方便等优点。

RFID 标签系统包括三个部分——标签、阅读器和天线，而其中最主要的，应用先进电子材料的是标签，也就是俗称的电子标签。

标签(Tag)是由耦合元件(集成电路的一种，元件上有许多排列整齐的电容，能感应光线，并将影像转变成数字信号，是可以代替照相底片用来记录影像的电子元件)及芯片组成，每个 RFID 标签具有唯一的电子编码，可以附着在物体上标志目标对象。当标签进入人工设定的磁场中时，接收解读器便会发出射频信号，标签凭借感应电流所获得的能量发送出存储在芯片中的产品信息或者主动发送某一频率的信号，而解读器在读取信息并成功解码后，便会送至中央信息系统进行相关的数据处理，我们想要的结果便会得到了。

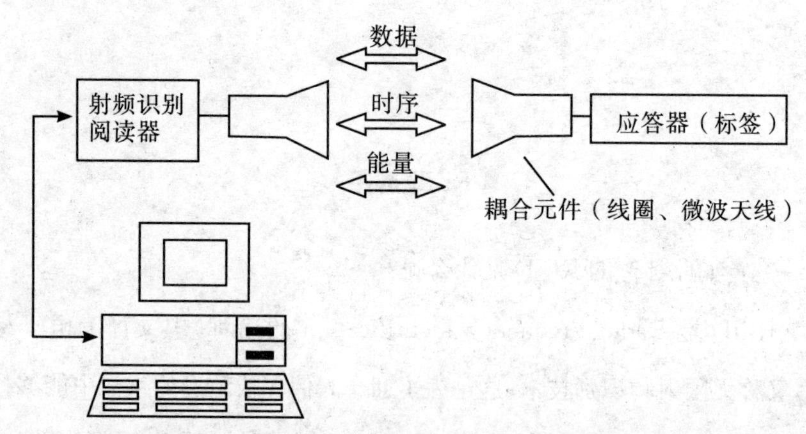

RFID 标签需要通过感应电流获取能量，而感应电流的取得也是多种多样，可以分为被动、半被动(也称作半主动)和主动三类。

被动式标签内部没有供电电源，其内部集成电路通过接收到由 RFID 读取器发出的电磁波进行驱动。当标签接收到足够强度的讯号时，可以向读取器发送数据。这些数据不仅包括 ID 号(全球唯一标示 ID)，还可以包括预先存在于标签内 EEPROM(电可擦可编程只读存储器,一种掉电后数据不丢失的存储芯片)中的数据。这种被动式的标签价格低廉,体积小巧,无需电源,是市场上推崇的一种电子标签。

而半被动式与被动式相类似,不同的是它多了一个小型的电池。一般而言,被动式标签装置的天线有两个任务。第一,接收读取器所发出的电磁波,借以驱动标签 IC;第二,标签回传信号时,需要靠天线的阻抗作切换,才能产生 0 与 1 的变化。但是想要有最好的回传效率的话,天线阻抗必须设计在“开路与短路”,这样又会使信号完全反射,无法被标签 IC 接收,半主动式标签就是为了解决这样的问题。半自动式标签多出的小型电池的电力恰好可以驱动标签 IC,使得 IC 处于工作的状态。于是天线可以不用管接收电磁波的任务,充分作为回传信号之用。比起被动式,半主动式有更快的反应速度、更好的效率。

而主动式标签,顾名思义,其可以自身供电。主动式标签本身具有一个内部电源供应器,用以供应内部 IC 所需电源以产生对外的信息。一般说来,主动式标签拥有较长的读取距离和较大的记忆体容量可以用来储存读取器所传送来的一些附加信息。

RFID 标签给生活带来便利

RFID 标签的发明已经让人们越来越感受到它所带来的便利,RFID 标签更是先进电子材料应用的又一成功案例。它的领域宽度和广度并不只局限于超市这类场所中的应用。据创羿科技市场分析师估计,目前典型应用有动物晶片、门禁控制、航空包裹识别、文档追踪管理、包裹追踪识别、畜牧业、后勤管理、移动商务、产品防伪、运动计时、票证管理、汽车晶片防盗器、停车场管制、生产线自动化、物料管理等,而且人们还在致力于更多领域应用的研发中。

最近，第七届中国射频识别技术发展国际研讨会上，把“应用示范工程奖”奖给了上海的“建设工程检测样品唯一性标志管理”项目。这个项目让上海市 100 多个建筑工地生产的混凝土里植入了电子标签，它们能记录每一批次混凝土的信息，如它们将用于哪个楼盘的哪一层。在建筑工地，监理单位的见证员负责在每一批次的混凝土中植入电子标签，随后送检测单位；该单位读取电子标签的数据后，这些数据就会被直接上传到一个市级数据库。电子标签在建筑材料上的应用从源头上杜绝了“豆腐渣”工程，让人们可以高枕无忧地住新房。

电子标签最引以为傲的案例恐怕会在欧洲。据说欧洲中央银行与供应商合作希望把 RFID 放到货币（最有可能在大面值的纸币中）的纤维

里，这种技术使得每一张钱币都有了印记，因此，恐怕对于绑匪来说，再要求拿到“无标记的钞票”可就没那么容易了。如果真的能够实现，那么这些装载着 RFID 的纸币将会承载历史。

像这种应用的案例不计其数。不妨我们可以想一下，当所有物件都应用上 RFID 技术，所有的物件都可以通过一个终端来进行操作和处理，那么世界会变成什么样子呢？人们和物品之间就又建成了一个全新的交流方式，人们对于物品的管理、查询、控制和追溯都将因为这个小小的标签而更加高效和便利。这就是我们所憧憬的物联网的生活了。随着电子标签技术的愈加成熟，我相信，物联网指日可待。

RFID 标签的发展

目前，RFID 标签系统的成本问题一直制约这一技术普及的瓶颈。在 RFID 发展的十年间，各国科学家也在为如何使电子标签的成本降到最低而做出努力，各个研究 RFID 技术以及生产制造电子标签的厂商在若干年之前就提出了“五美分标签”这一说法，那时 RFID 技术还并没有现在成熟。只要电子标签的成本降到了 5 美分，电子标签的应用将没有任何限制，上万亿的日常用品都会使用上这种标签。然而时至今日，“五美分标签”还只是一个传说。但无论能否实现，制造商们都已经把降低成本作为自己的目标，并以实际行动作出了自己的努力。例如芯片设计者英频杰(Impinj)公司，正通过一种全新的半导体技术来削减成本，这种技术使公司掌握了低成本 CMOS 工艺并应用于 RFID 器件中。如果和大容量集成方法相结合的话，如美国意联科技(Alien Technology)开发的那些，这种技术可以更进一步的减少成本。采用了一种叫做流控自装配(FSA)技术的意联公司最近宣称，经过努力他们已经把嵌入的成本减少为每个不到12.9美分。据报道，它的这种装配技术可以在一个小时内把二百万个芯片装入电子标签，传统方法只能装一万个。而其他公司也在从其他角度来缩减成本。讯宝(Symbol Technologies)公司为了削减电子标签的价格，他们把电子标签的银质天线换成了铝质。尽管铝制天线的传导性远低于银，但是制造高性能RFID系统的公司有能力通过开发芯片上的电荷泵来帮助推进天线接收到的射频信号的连贯性和强度。

尽管中国的RFID技术的起步较晚，但是却发展迅速。2012年12月第七届中国射频识别技术发展国际研讨会公布的数据显示，我国每年可以生产60亿个电子标签，每个的成本大约已经降至0.4元人民币。相对低廉的价格无疑让人们对电子标签技术的热情升温，相信，在不远的未来，这项利用先进电子材料的技术一定可以普及千家万户！

能够卷起的 CPU

“族员众多”的塑料家庭

“未来的世界是塑料+芯片的世界。”2010 年 4 月在上海举办的中国国际塑料橡胶工业发展论坛上，德国塑料橡胶工业协会原主席荷尔玛·佛朗兹如此论断。弗朗兹主席所阐释的是他对塑料工业的预想，而这一说法却与电子材料的一项伟大创想不谋而合，那便是塑料芯片。

塑料作为一种传统的高分子材料，自创造出来后便影响了整个世界。如今我们身边的塑料制品可谓举不胜举，仅 2009 年，平均每个中国人用掉了大约 50 千克的塑料，各位可能对于这个数字没有一个很明确的概念，不如我们可以进行一个换算：如果一个空矿泉水瓶以 25 克计算，50 千克的塑料等于一年中每个中国人用去了约 2000 个矿泉水瓶！

仅中国就每年使用数量如此庞大的塑料，放眼全球就更不用说了，每年庞大的塑料市场促使了塑料工艺的不断发展。20 世纪 80 年代，科学家发现塑料具有半导体特性，并且发现了有机聚合物塑料也具有传输电流的功能，尽管导电速度十分缓慢，但也为塑料导电的研究带来一线希望。90 年代，科学家们又进一步发现，通过在塑料内部渗入某些物质，可以改变其物理化学特性，使其具有较好的导电性能，即通过在特定位置改变塑料的物理和化学特性来影响塑料传导电子(或阻止电子流动)程度。

在到了20世纪中叶,随着单晶硅和半导体晶体管的发明及硅集成电路的研制成功,电子工业革命拉开帷幕。硅迅速成为固体微电子器件的基础。但是硅毕竟储量有限且价格比较昂贵,科学家们开始考虑用塑料来制造电路。导电塑料的发现为这种想法提供了技术基础,而更为重要一点,塑料价格极其低廉。

导电塑料

基于90年代科学家对于导电塑料的研究,为了能使塑料能够代替硅成为新一代的半导体材料,还需要对塑料特性进行适当的调整,添加特殊的化学物质,精确地控制塑料内部的结构。

人们考虑使用制造芯片的塑料材料也并非使用传统塑料,而是启用了诸如聚噻吩和寡噻吩等新型聚合物家族的成员。在芯片基底上辅上一层层塑料材料以制成半导体装置的过程,可以利用类似于工业印刷的相对直接的工艺来完成。这种技术类似于丝网印刷(即化学材料是通过微型栅格喷到基底上的)或喷墨印刷。在后一种方法中,可溶性的有机化合物通过高度精确的喷嘴直接喷射到目标上。最新技术的喷墨打印机能达到大约25微米的打印精度；虽然这与最新的微处理器所需的0.2微米的精确度还差得很远，但对某些种类的半导体元件来说已经足够用了。

此外，科学家们还研制出来一种可以制造塑料芯片的有机材料，它表现出高迁移性，其范围相当于非晶硅。这项科研成果的核心就是并五苯。并五苯也有其不足之处，例如，它必须在真空状态下加工，且保存寿命不长，在受控制的实验室环境中最多能保存一年，在自然环境下，平均只能保存1～3周。虽然它有这些局限性，但却是迄今为止科学家们发现的最理想的研究材料。随着对塑料芯片研究的不断深入，来自比利时微电子研究中心(IMEC)的科学家，于2011年2月底创造出一个新型塑料芯片的原型，其价格更是低廉的难以置信。

廉价芯片的时代

尽管塑料芯片还只是后起之秀，但是他让我们使用廉价的芯片不再只是空想。一家半导体制造厂的建设和启动资金高达20亿美金，即使做出来的硅芯片也有数美元一块，而塑料芯片的成本只有几美分，仅为硅芯片的1%～10%。塑料芯片的制造工艺也远比以半导体硅材料为基的电子元件简单得多，它的制造过程完全可以摆脱传统半导体真空制造工艺的束缚，而是采用全新概念的、能在常温常压下进行的喷墨印刷技术。这项技术把用于制造电路的材料通过液体的形式“印刷”到承载电路的基体表面上，再制成电路器件系统。由于该技术完全可以在低温、常压的环境下完成，加上可连续制造的工艺流程，塑料芯片的生产成本较传统芯片也将大幅度地降低。

同时，传统的半导体器件生产大多要采用高温制膜和高温扩散等工艺，其中高温扩散工艺需要在大约1100 ℃的高温下耗费几个小时才能完成。这个过程除了耗能耗时之外，还会对工业生产环境造成温场辐射和污染。而生产塑料芯片的喷墨印刷技术则可以解决这一弊端：它节能且环保。塑料芯片的生产过程一般在低温常压下即可完成，按照能耗与绝对温度的四次方关系（$E \propto T^4$），低温制造将数倍地降低生产所耗的总能量，从而带来可观的社会效益。同时，塑料芯片生产所用材料大多对环境没有任何污染，而且这些材料都会被定点“印刷”到基体上，使用率几乎达到100%，不会造成丝毫浪费。

英国著名的IDTechEx公司预测，塑料半导体将向硅晶体的霸主地位发起冲击，给半导体行业带来天翻地覆的变化。以塑料半导体为基的微电子器件（塑料芯片）的全球销量在2008年只有约16亿美元/年，而到2028年，这个数字将会变成3800亿美元/年。

用不了多久，只存在于科幻中的一系列事物也会随着塑料芯片的应用而成为现实。像钱包那样可折叠的超轻型便携式电子设备，或者是柔软的有源显示屏，其大小与质感类似乙烯基遮光窗帘，打开可以观看，收拢则可以存储；超级巨大的显示屏也会因为使用塑料芯片而进入千家万户。

当然制造塑料芯片的导电塑料具有如此优越的性能并不应该仅仅只使用在芯片领域。导电塑料的发现让人们不但找到了一种可以替代硅材料生产芯片的廉价材料，而随着对这种导电塑料进一步研究，人们也可以将其制成塑料电池的原料。

潜力无限的塑料电池

塑料电池尽管还没有得到广泛使用，但是却也是潜力无限。

英国伦敦帝国理工学院制作出的新型储电塑料样品约32平方厘米大，

厚度和一块饼干相近，充电 5 秒后就能为一个发光二极管供电 20 分钟。塑料电池的工作原理与传统电池类似，是由 3 层纤维材料组成，上下两层碳纤维覆盖导电树脂，分别充当正、负极；中间夹层为玻璃纤维。这种储电塑料并不是真正的电池，而更类似一个超级电容器。它比传统电池更轻薄、充放电速度更快，使用时也不会发生化学反应，因此寿命更长。

如果这种电池真的被投入广泛使用，那就会带来便携设备电源的新变革，手机、mp3 等电源的持续续航时间将翻倍，薄薄的塑料电池会将手机变得犹如信用卡一般大小；而最神奇的使用无疑是电子服装，由于塑料电池既柔软又轻便，因此装在衣服内层，人在走动时便可进行充电，并且在天气变凉时释放出热量。如此科幻的想法都会因为塑料电池的使用而便的成为可能。专家预计，这种新型储电塑料可能在十年内取代电池，让我们拭目以待吧！

看到这，我们不禁感叹，原来先进的材料真的可以改变世界！

“液体”也能出色彩

必不可少的显示设备

电脑以我们始料不及的速度席卷了整个世界，将人类一跃带入了信息时代。无论是内部芯片还是外部的显示器，电脑的构件也在随着材料工艺的发展而不断进步。电脑的内核固然重要，可是将内核显现在人们面前的显示器也是必不可少的。显示器犹如电脑的脸，当我们看到色彩饱满、还原度高的“笑脸”时，工作、学习起来自然也会神清气爽。

不知大家是否还记得你见过的第一台电脑是什么样子呢？二十世纪九十年代电脑刚刚进入人们生活时，外形看最显著的特征便是有一个又笨又重犹如箱子一般的显示器。当时的人们对这种有着大尾巴的家伙充满了好奇，其实这种显示器使用的是一种阴极射线管（Cathode Ray Tube），这种显示器开发和利用的时间长，技术也成熟，具有可视角度大、无坏点、色彩还原度高、色度均匀、可调节的多分辨率模式、响应时间极短等显著优点，是电视厂商和电脑显示器厂商当时青睐的对象。但是由于其笨重的形体对携带造成一定的困扰，于是，在近几年，这种造价相对低廉的显示器被一种造价相对较高但更为纤薄、易用的新型显示器所取代，这种显示器便是液晶显示器（LCD）。

神奇的液晶物质

什么是液晶呢？其实液晶顾名思义曰“液态的晶体”，但不要以为液晶就是液体。说到物理状态，第一反应便是人们所熟知的气态、液态、固态三种物质状态（也称为相），但还有另外两种物质状态人们较为陌生，即液晶和等离子。液晶是要具有特殊的形状分子的组合才会产生，它们既可以流动，又拥有结晶的光学性质。液晶相要具有特殊形状分子组合才会产生，它们可以流动，又拥有结晶的光学性质。

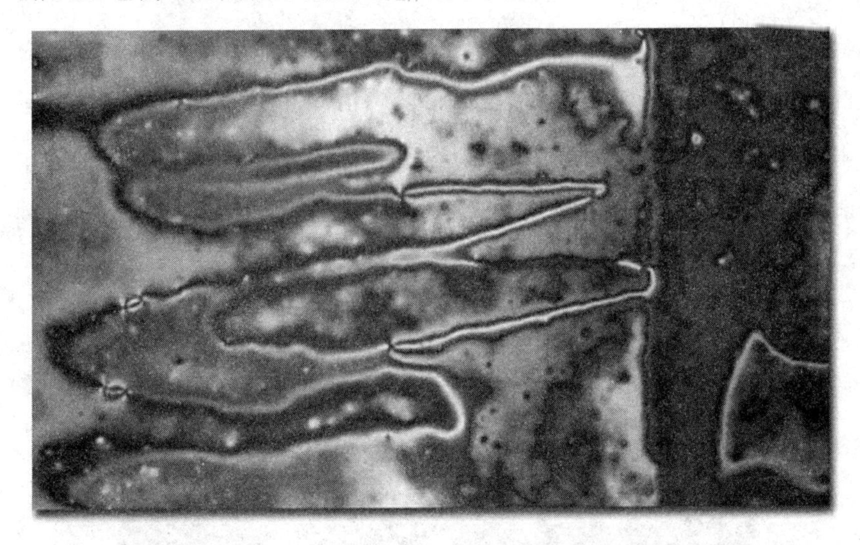

液晶的组成物质是一种以碳为中心构成的有机化合物，同时具有两种物质的液晶，是以分子间力量相组合的。当液晶受到了电压影响时，就会改变它的物理性质而产生了形变，这时通过它的光的折射角度也发生了变化，从而产生了色彩。

液晶材料使用史

液晶材料发现已经有一百余年的历史，可是真正用于使用却是近几十年的事情。早在 1854 年到 1889 年间，德国的生物学家菲尔绍（R. C. Virchow）便在自然界中发现了一种溶质型的液晶，在适当的水分混合后，就会呈现出光学方向异性。奥地利植物学家莱尼茨尔在研究胆甾醇类化合物的植物生理作用时，发现将胆固醇的苯二甲酸或乙酸加热到 145 ℃时，有白浊稠状液体，再加热至 178 ℃，会变成透明液体，冷却下来则有紫色、橙红色、绿色等不同颜色变化，取其名曰“液晶”。液晶材料正式被发现了，这一年是 1988 年。随着后来对其深入的研究，人们将液晶分为了层列型、距列型、向列型、胆固醇型几类。1971 年，使用液晶材料制作显示器的想法被提出并付诸实践之中。扭曲向列型液晶平面显示器首先用于汽车仪表和电子表上。1973 年，日本的声宝公司首次将液晶运用于制作电子计算器的数字显示。技术的不断成熟也让液晶材料的使用更加多样化，各种液晶显示器开始层出不穷。1990 年，使用彩色超向列

型液晶平面显示器的笔记本电脑开始应用，但是在那时仅仅作为高端产品的笔记本电脑的显示器，显然没有让人们真正接触到它。终于，2000 年低温多晶矽薄膜电晶体液晶平面显示器结合有机电激光显示器成为新

一代省电及高解析度的显示器。液晶显示器就不仅仅应用于高端的笔记本电脑,更大尺寸的台式电脑、电视机也都纷纷使用这种先进的液晶材料。

优缺点并存在的笔记本电脑

几十年的时间,液晶材料扮演的角色也越来越重要。液晶材料制作的显示器耗能小,一台液晶电视只需要四节电池就能使用几个小时,而普通的电视则要耗能 50 瓦左右;显示的信息量大,而且对于同等尺寸的显示器来说,液晶显示器的可视面积要更大一些,阴极射线管的显示器显像管的前面板四周会有一英寸左右的边框不能用于显示,而液晶显示器的可视面积是和它的对角线尺寸相同;液晶显示器机身极其轻、薄,笨重的 CRT 显示器可是望尘莫及。液晶材料制作的显示器更加符合现代人需求的一点便是辐射很小,现在人们的生活质量不断上升,对于天天都要面对的显示器,更宜于健康的液晶显示器无疑是人们的最佳选择。

但是外观诱人的液晶材料并非毫无缺点,进入大众视野只有几十年的液晶材料还需要更多的研究。

首先,价格较昂贵是制约这种功能材料研究的主要因素,其原因是单体和溶剂成本高,所以对液晶高分子合成工业界而言,今后寻找相对较便宜的原料是头等大事。随着人们对一些低价格材料、低价格高分子材料与液晶高分子合金的研究,液晶高分子材料会代替目前使用的部分金属、非金属材料。如天然高分子纤维素,若找到合适的溶剂或制成适当的纤维素衍生物,可将这天然高分子液晶推向各个应用领域。此外,低价位聚合物与液晶高分子的合金可大大降低材料价格,而对液晶性能的损失较小。随着研究的进展、生产规模的扩大及合成工艺的改进,这些问题可望逐步解决。再次，工艺的复杂也很大程度上限制了液晶材料的研究与开发。我国的液晶研究始于七十年代初，相对于国外来说起步比较晚，至今在理论研究方面已取得显著成绩，某些方面的成就具有世界先进水平，但在工业化水平上，由于种种原因国内水平与美、日、德等发达国家相比差距甚大。

相信液晶材料目前的种种限制并不能成为阻止这类材料的理由，未来，液晶材料一定会在众多领域大施拳脚。

打造“天空之城”

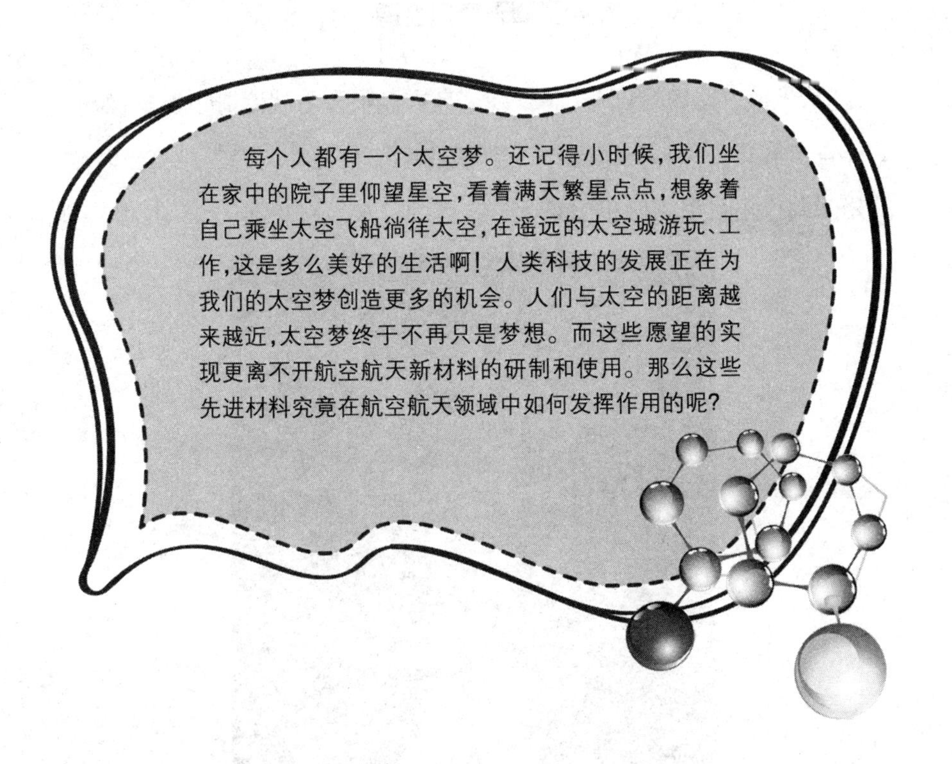

每个人都有一个太空梦。还记得小时候，我们坐在家中的院子里仰望星空，看着满天繁星点点，想象着自己乘坐太空飞船徜徉太空，在遥远的太空城游玩、工作，这是多么美好的生活啊！人类科技的发展正在为我们的太空梦创造更多的机会。人们与太空的距离越来越近，太空梦终于不再只是梦想。而这些愿望的实现更离不开航空航天新材料的研制和使用。那么这些先进材料究竟在航空航天领域中如何发挥作用的呢？

未来飞行器的主体材料

飞向天空的梦想

“挟飞仙以遨游，抱明月而长终。”自古以来人们就憧憬于能够像鸟儿一样自由翱翔于天际甚至希望飞到星星月亮上去看一看。于是，模仿鸟儿翅膀制作出可以飞的机器是人们不懈的追求。终于在1903年，第一架

飞机诞生了，人们飞向天际不再成为梦想。而飞机便是飞行器的一种。

人们恐怕对于飞行器这个专业名词比较陌生，飞行器是指由人类制造的、能飞离地面、在空间飞行并由人来控制的在大气层内或大气层外空间（太空）飞行的器械飞行物。它所包含3类，大家应该并不陌生：航空器、航天器、火箭和导弹。航天器高高在上，是在空间飞行的飞行器；航空器只在大气层内飞行；火箭是以火箭发动机为动力的飞行器，导弹则是装有战斗部的可控的火箭。飞行器作为飞离地面的主要手段，使用了各个方面的新材料，复合材料是最为常见的。

2009年9月，被称为“梦想飞机”的波音787型飞机在美国西雅图成功实现首飞，作为波音公司飞机的新成员，这架飞机的独特之处在于它是以大量的碳纤维复合材料取代铝材制作机体，整个机身、机翼、尾翼和发动机舱都用合成物制成，是全球第一款以碳纤维合成物为主体材料的民用喷气客机。碳纤维复合材料的使用带来了飞行器的一个新时代。

而欧洲战术航宇集团（TAG）研制出一种新型TAG－M65和TAG－M80复合材料无人直升机（UAV）。这种新型直升机采用全复合材料机体，在结构和设计上具有独特性，具有极轻的重量和极高的强度，有效载荷大，耐航性强。TAG－M65和TAG－M80无人机的有效载荷能力20千克，续航时间 8 小时，能在 800 千米距离内遥控或自主完成各项任务。

飞行器的发展越来越快速，为了使飞行器能够在有限的燃料量内延长留空时间，飞行的更高更快，需要飞行器的质量尽可能的轻，而这一要求对于制造材料的要求也是越来越严格，制造飞行器的材料要求质量轻、强度高、耐高温、耐腐蚀等。具有优良的抗疲劳性能、独特的可设计性及质量轻等优点的复合材料无疑成为制造飞行器的最佳材料。

目前正在研制的新型战机使用复合材料可占飞机结构总重量的50％以上，尽管复合材料成本相对略高，但是据国外有关资料调查显示，先进战斗机每减重 1 千克，就可以节约 1760 美元，因此使用轻便的复合材料必然带来直接的经济效益。并且只有采用了复合材料，才使得前掠翼(有前掠角的机翼)得以在 X29 上实现。

复合材料的使用

复合材料是由两种或两种以上不同性质的材料通过物理或者化学的方法，在宏观上组成具有新性能的材料。复合材料由来已久，而 20 世纪 40 年代复合材料这一名称正式出现正是由于航空航天领域的出现。先进复合材料则是指可用于加工主承力结构和次承力结构，其刚度和强度性能相当于或超过铝合金的复合材料。那么先进复合材料到底具有哪些特性使得如此受到航空航天领域的推崇呢?

其一，复合材料的比强度和比模量高。材料的强度与密度之比称为比强度，材料的模量与密度之比称为比模量。比强度和比模量都作为材料承载能力的重要指标。比强度和比模量高说明材料的质量轻而强度和刚度大。复合材料可谓集合了不同性质的材料的优势特性，因此更能满足对于材料的特殊需求。

其二，复合材料耐疲劳性能好。可能读者朋友们都会有这种感觉，无论看书还是其他需要长时间专注精神的事情，总是会有感到特别累的时候，而那时候你已经非常疲劳了，材料也是如此。金属材料在无限多次的交变载荷作用下不被破坏的最大应力就是疲劳强度。一般金属的疲劳强度为抗拉强度的40%～50%，而某些复合材料可以高达70%～80%。复合材料在达到疲劳强度后的断裂是从基体开始逐渐扩展的过程，并非没有任何先兆的断裂。因此，复合材料在破坏前可以检查和补救。纤维复合材料还具有较好的抗声振疲劳性能。用复合材料制成的直升机旋翼，其疲劳寿命比用金属的长数倍。

其三，复合材料耐热性能好。高温下，用碳或硼纤维增强的金属强度和刚度比原金属强度高得多。普通铝合金在400 ℃时，弹性模量会大幅下降，强度也下降。而使用碳或硼纤维增强的铝合金强度和弹性模量则基本不变，这种耐热性也凸显了复合材料的稳定性。

除此之外，复合材料过载安全性好，即复合材料在超载的情况下，载荷都会在极短的时间内重新分配力量，确保整个构件不至于在短时间内丧失承载力。

复合材料的种种特性使得在航空航天这个特殊的领域拥有更多的用武之地。飞机已经不再是金属材料的天下，复合材料在总材料中的比例逐步的提高。有分析人士认为，未来必定是复合材料的时代。

碳纤维复合材料大施拳脚

在先进复合材料家族中，以碳纤维复合材料在航空航天领域应用最为广泛。

碳纤维主要是由碳元素组成的一种特种纤维，其含碳量一般高于90%，每一根碳纤维都由数千条更细小的、直径在5～8微米之间的碳纤维组成。碳纤维具有一般碳素材料的特性，如耐高温、耐摩擦、导电、导热及耐腐蚀等，但与一般碳素材料不同的是，其外形有显著的各向异性，柔软、可加工成各种织物，沿纤维轴方向表现出很高的强度。碳纤维比重小，因此有很高的比强度。碳纤维的力学性能非常优异，它的密度不到钢的1/4，碳纤维树脂复合材料要比钢强7～9倍，抗拉弹性也比钢高得多。

碳纤维主要与树脂、金属、陶瓷等基体复合，制成结构材料。

在战斗机和直升机上，碳纤维复合材料应用于战机主结构、次结构构件和战机特殊部位的特种功能部件。国外将碳纤维及其复合材料应用在战机机身、主翼、垂尾翼、平尾翼及蒙皮等部位进行减重并提高抗疲劳能力。世界上最大的飞机空客A380由于碳纤维复合材料的使用而创造了飞行史上的奇迹。

小物件起大作用

石墨烯材料的应用

2012年12月,NASA(美国国家航空航天局)科学家们开发一种新型的微小传感器,这种传感器能够探测到航天器的结构缺陷,也能够监测地球上层大气的痕量元素。它是用最具潜力的新材料石墨烯制造而成的。一般卫星飞过大气层上空时,其中的氧原子及其生成的相关物质具有高度腐蚀性,会对航天器常用材料产生影响。同时,这可能对航天器产生一定的拖曳力,原子与航天器之间动量也在进行着转移。虽然目前仍然还没有确切的数据,但其危险性很大,设计人员无法提前对这种状况进行应对,可能导致轨道航天器过早地失去高度降至地面。戈达德航天中心一直在进行石墨烯技术研发工作,以便在未来能够制造出纳米尺寸的探测器,来探测从机翼到航天器平台上各种物体的结构应变。那么起到关键作用的石墨烯材料究竟是什么呢?除了在飞行器上所使用的传感器以外又有哪些作用呢?

石墨烯是一种由碳原子构成的单层片状结构的新材料。它由碳原子组成六角形呈蜂巢晶格的平面薄膜,是只有一个碳原子厚度的二维材料。只有一个碳原子厚度显得有些不可思议,因为这种材料如果真的存在就比已知世界上任何一种材料都要薄,而且自20世纪初对石墨烯的制造均不理想，无论是化学剥离制取还是化学气相沉积法制取，都只得到一堆石墨烯烂泥，并无法进行具体研究，因此石墨烯一直被认为是假设性的结构，无法单独稳定存在。直到2004年，曼彻斯特大学和俄国切尔诺戈洛夫卡微电子理工学院（Institute for Microelectronics Technology）的两组物理团队共同合作，首先分离出单独石墨烯平面，而证实它可以单独存在，成功制取石墨烯的英国曼彻斯特大学物理学家安德烈·海姆和康斯坦丁·诺沃肖洛夫也因“在二维石墨烯材料的开创性实验”，共同获得2010年诺贝尔物理学奖。

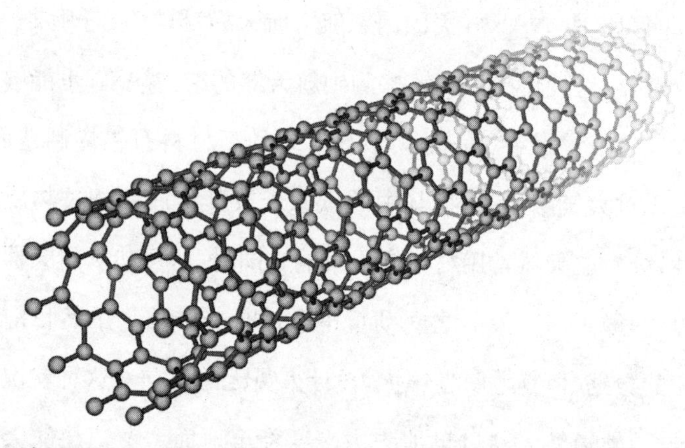

石墨烯结构非常稳定，而内部碳原子的连接很柔韧，当施加外力于石墨烯时，碳原子面弯曲变形使得碳原子不必重新排列来适应外力作用，从而保持结构的稳定。稳定的结构使得石墨烯的导热性非常好。另外，石墨烯中的电子在轨道中移动时，不会因晶格缺陷或引入外来原子而发生散射。由于原子间作用力十分强，在常温下，即使周围碳原子发生挤撞，石墨烯内部电子受到的干扰也非常小。

刀枪不入的石墨烯

石墨烯是人类已知强度最高的物质，它的坚硬连钻石都甘拜下风，让世界上最好的钢铁也望而却步。它到底坚硬到什么程度呢？科学家们做了一系列实验。实验中，科学家选取了直径在10～20微米的石墨烯微粒。科学家将这些石墨烯样品放在钻有小孔的晶体薄板上，使用金刚石制成的探针对放置在小孔上的石墨烯施加压力。最终实验结果显示，每100纳米距离上可承受的最大压力达到2.9微牛。也就是说，如果物理学家制作出相当于普通食品塑料包装袋(约100纳米厚)的石墨烯，那么它能承受大约两吨重的物品，也就意味着一个石墨烯塑料袋都可以承受得住一头成年大象！

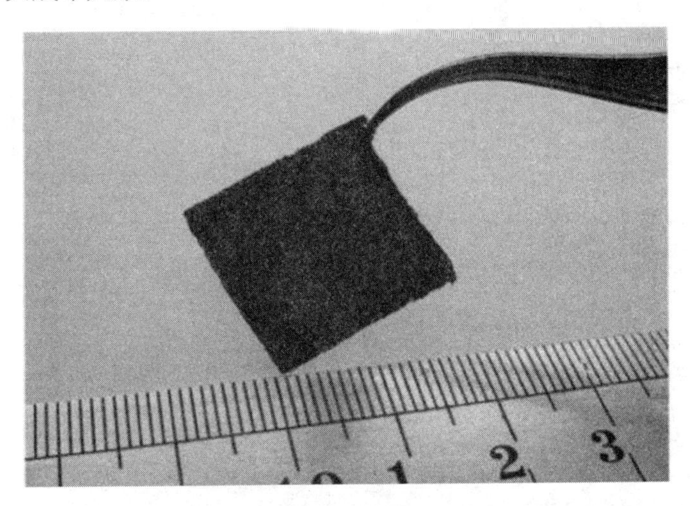

掀起石墨烯研究的狂潮

性质如此特殊的一种先进材料顺理成章的引发了科学家们的研究热潮。2013年2月，正欲复兴的诺基亚公司从欧盟的未来与新兴技术组织(FET)获得了13.5亿美元的石墨烯材料研究经费。与此同时，英国剑桥大学获得了1200多万英镑的资助，用于研究石墨烯灵活的电子和光电子应用。日本帝国理工大学获得了450多万英镑的资助，用于设备和工程研究，石墨烯的这些性质可用于多功能涂层、纤维复合材料和三维网络

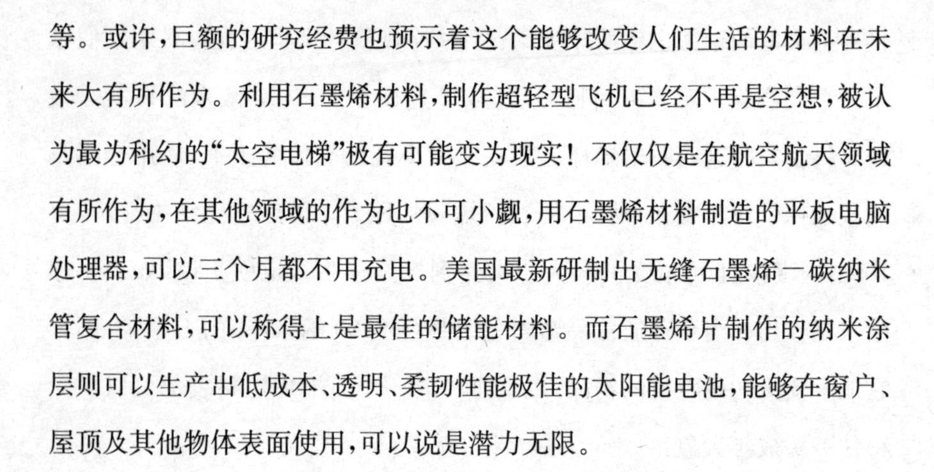

等。或许，巨额的研究经费也预示着这个能够改变人们生活的材料在未来大有所作为。利用石墨烯材料，制作超轻型飞机已经不再是空想，被认为最为科幻的“太空电梯”极有可能变为现实！不仅仅是在航空航天领域有所作为，在其他领域的作为也不可小觑，用石墨烯材料制造的平板电脑处理器，可以三个月都不用充电。美国最新研制出无缝石墨烯－碳纳米管复合材料，可以称得上是最佳的储能材料。而石墨烯片制作的纳米涂层则可以生产出低成本、透明、柔韧性能极佳的太阳能电池，能够在窗户、屋顶及其他物体表面使用，可以说是潜力无限。

新材料中的变形金刚

古代人们仰望星空、敬仰神灵，便对外空有着强烈的探索欲，正是这样驱使人们不断研究各种能够探索外太空的方式，甚至是完成人们许久以来的夙愿——将人类送入太空。以目前人类的技术，将探索太空的工具诸如卫星、航空器等发射至太空需要高昂的费用，而且对于其制作的材料有很高的要求，每一克重量、每一寸空间都显得弥足珍贵。于是，人们在探索各种能够在缩小空间又能在需要的时候延展开来发挥功效的新型材料。形状记忆合金就这样应运而生而且以相当迅速的速度扩展至各个领域发挥它的作用。

会变魔术的形状记忆合金

形状记忆合金(Shape Memory Alloy,SMA)是属于智能材料(对环境可感知、响应和处理后，能够适应环境的材料)的一种，当具有一定初始形状的合金在低温下经过塑性形变并固定成另一种形状以后，通过加热到某一临界温度以上便又会恢复初始形状的一类合金。正如在低温下你将一把形状记忆合金制作

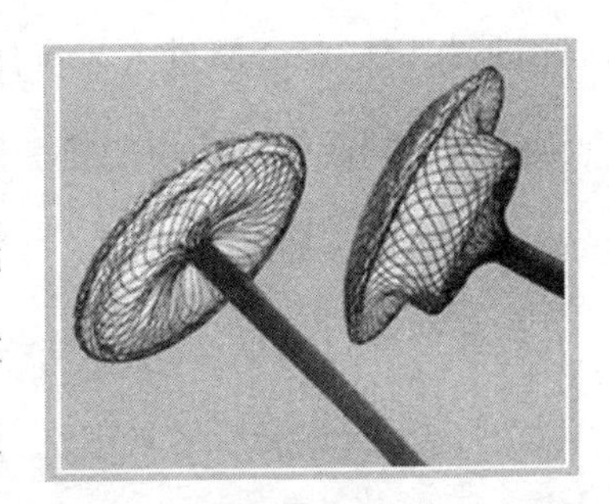

的勺子压弯然后进行加热，当加热到某个临界温度以上，已经弯曲的勺子便会自然地恢复正常的形状。这便是形状记忆合金所具有的性质。而形状记忆合金所具有这种记住原始性质的功能称为形状记忆效应。

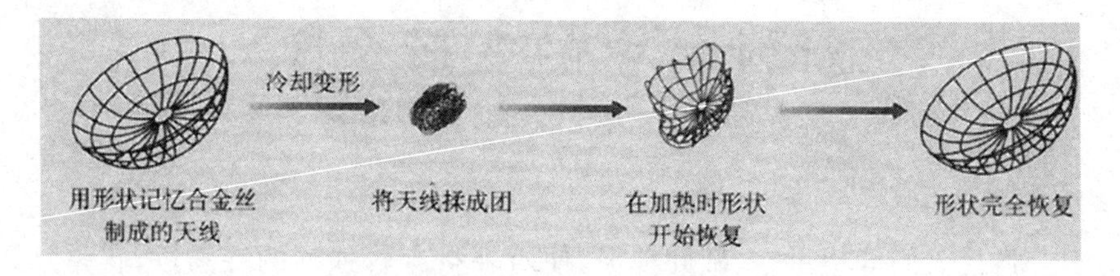

这种犹如魔术一般的记忆效应在1932年就由瑞典人奥兰德在金镉合金中观察到了。他发现合金的形状改变以后，一旦加热到一定的跃变温度，他又可以神奇的变回原来的形状，人们把这种具有特殊功能的合金称为形状记忆合金。后来的研究表明，很多合金都具有形状记忆效应，然而这些现象在当时并没有引起足够的重视，只是作为一种个别材料极其特殊的现象来进行观察。1962年，美国海军军械研究所的比勒在研究工作中也发现在高于室温较多的某温度范围内，把一种镍钛合金丝烧成了弹簧，然后在冷水中将其拉直或铸成正方形、三角形等形状，再放在40 ℃以上的热水中，该合金丝就恢复成了原来的弹簧形状。直到这时，人们已经对于形状记忆效应产生了浓厚的兴趣，并积极开发形状记忆合金，自此，形状记忆合金便进入了实用阶段。1969年，美国的一家公司首次将镍钛合金制成管接头应用于美国F14战机，次年美国将钛镍记忆合金丝制成了宇宙飞船用的天线。这些应用刺激了国际上对于形状记忆合金的开发和研究，在以后四十余年，各种形状记忆合金相继问世，最近，高温形状记忆合金、宽滞后形状记忆合金以及记忆合金薄膜等已经成为研究的热点。

形状记忆原理

形状记忆合金主要分为单程记忆效应、双程记忆效应、全程记忆效应三种。单程记忆效应是形状记忆合金可以在较低的温度下变形，加热后可以恢复变形前的形状，这种合金的记忆效应只存在于加热过程中；而某些合金加热时恢复高温时的形状，冷却时又能恢复低温时的形状，这就是双程记忆效应了；全程记忆效应在加热时能够恢复高温时的形状，冷却是能变为形状相同而取向相反的低温时的形状。

那么究竟为何形状记忆合金会拥有如此神奇的形状记忆的本领呢？这一切都源于热弹性马氏体相变。所谓马氏体相变，最早是从钢中发现，将钢加热到一定温度后迅速冷却，得到能使钢变硬、增强的一种淬火组织，为了纪念德国冶金学家马滕斯，便把这种组织命名为马氏体。而变为马氏体的相变便是马氏体相变。后来人们发现马氏体相变在有些纯金属和合金也存在。马氏体一旦形成，就会随着温度的下降而继续生长，如果温度上升它又会减少，以相反的过程消失。于是也便产生了形状记忆合金的形状记忆效应。

航天领域显身手

形状记忆合金最先应用于航空航天领域，直至今日，在航空航天领域仍是重要而实用的先进材料。

人造卫星作为发射数量最多、用途最广、发展最快的航天器，科学家不断优化其构造，使得能够达到最佳的发射状态，为最大限度地让人造卫星在发射前变小，科学家选择使用形状记忆合金来制作人造卫星上庞大的天线。发射卫星前，使用形状记忆合金制作的抛物面天线可以折叠起来装进卫星的体内，极大的缩小了卫星所占的体积，当火箭升空人造卫星进入预定轨道以后，只需给其加温，折叠的天线便会使用其“记忆功能”展开成为抛物面形状。

你可知道，美国宇航员乘坐“阿波罗”11号登月舱首次登上了月球，留下了人类的足迹，完成了人类的首次月球之旅，同时通过一个直径数米的半球形天线传输月球与地球之间的信息。那么如此庞大的天线仅仅依靠几位宇航员是如何被运送上去呢？这就要归功于形状记忆合金了。人们使用一种形状记忆合金在高温(该记忆合金的转变温度之上)环境下制作好天线，然后将温度降低把天线压缩成一个小球，使它的体积能够缩小到原来的千分之一，这样就可以装在登月舱中将其带上月球。待将它放置在了月球上，阳光照射的温度达到了记忆合金的转变温度，天线便“记忆复苏”，慢慢展成一个巨大的半球，按照我们的指令发回珍贵的月球信息了。

现阶段人们对于太空领域的探索大部分还处于无人的水平，而在无人操作时完成一些需要人手动完成的动作就是一个大问题，利用形状记忆元件制作的智能机械手可以解决这种问题。形状记忆材料不仅能感温，还具有驱动的功能。这种机械手的手指和手腕靠钛镍合金螺旋弹簧的伸缩实现开闭和弯曲动作，肩和肘靠直线状的钛镍合金丝的伸缩实现弯曲动作，而各个形状记忆合金元件都直接通上脉宽调节电流加以控制。这种机械手非常小，动作柔软，几乎可以和人手相媲美，柔软的机械手可以在太空中做出许多细腻的工作，诸如取鸡蛋等都可以做到。

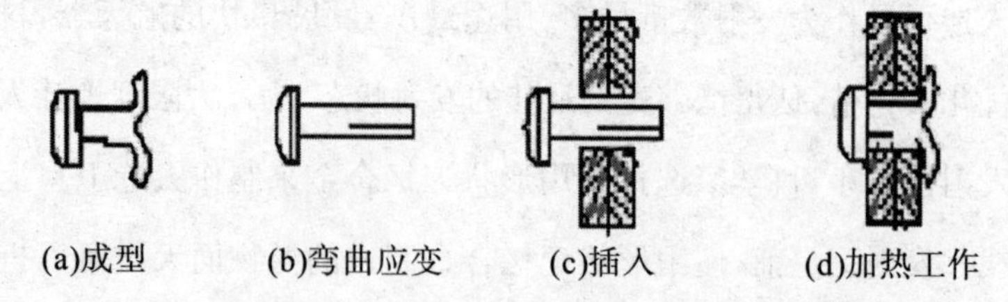
(a)成型　(b)弯曲应变　(c)插入　(d)加热工作

在飞行器制造领域最常使用的形状记忆合金材料的就是记忆铆钉和记忆合金管接头。块头巨大的飞机如今还不可能实现整机制造，这就需要大量的连接件诸如铆钉和螺栓进行连接和牢固。采用形状记忆合金制作的铆钉尾部记忆成了开口状，紧固前，将铆钉用干冰冷却使它的尾部拉直，插入需要紧固的固件的孔中，气温上升时铆钉的记忆作用便发挥了，恢复成了开口形状，这样固件就被紧紧牢固了。使用这种铆钉即使再难操作的环境（如真空）下，也能够比较容易的实现材料的连接和紧固了。记忆合金管接头和记忆铆钉有异曲同工之妙，在飞机上经常有些不同口径的管道需要连接，形状记忆合金无疑是对付这种棘手情况的最佳手段。先将形状记忆合金材料加工成所要求的管材，然后经适当热处理使管材产生径向膨胀，并快速冷却，即可制得马氏体相变后套管。应用时，将此套管套在需要连接的两个管材的接头上，再用加热器将已膨胀的套管加热至其软化点（即奥氏体温度）以上，膨胀管便收缩到初始形状，紧紧包覆在管接头处。

其他领域的应用

形状记忆合金在航空航天领域大显身手，也就使得其他领域开始尝试使用这种新型材料。在医疗领域，形状记忆合金被制作成记忆食道支架，在喉部膨胀形成新的食道，必要时加上冰块，记忆食道支架便会收缩轻易取出。使用超弹性钛镍合金丝和不锈钢丝制作牙齿矫正丝，操作简单疗效好，还可以减轻患者的不适感。各种骨连接器、血管扩张元件、各类心脏修补器、人造骨骼、手术缝合线等都会使用形状记忆合金。在其他应用中使用形状记忆合金更是多种多样：用记忆合金制造汽车外壳，万一被撞瘪，只要浇上一桶热水就可恢复到原来的形状；制造马路照明灯，放上记忆合金制造的两瓣金属叶片，白天路灯熄灭叶片合上，晚上路灯亮起灯泡发热，金属片受热逐渐张开，灯泡又会显露出来；用记忆合金丝混合羊毛织成衣服，当人运动后体温上升，衣服就会根据人的体温自动地调整使衣服变得宽松，使人感觉更舒适。

隐形飞机的至尊宝

隐形的梦想由来已久

英国著名的科幻大师威尔斯写过一本叫做《隐身人》的科幻小说，描写了一个物理学家成功发明了隐身术后的一系列故事。成为隐身人后的生活无疑是这本小说的一大亮点。能够隐身之人出入若无人之境，心烦意乱的时候一隐身让自己静静的消失于人群中，恐怕这是很多人都希望体验的一种感觉，而且数千年来对这种隐身术的追求从没有间断过。

我国对于隐身术的记载可以追溯至两千余年前的秦朝，古人追求成仙得道，秦朝的方仙道便追求着死后能够人死而形销的境界，不过恐怕还并未有方士成功过。

史书上记载汉代的方士能够隐身。《后汉书》中记载，在当时有个儒师(有学养的人)叫做张楷，他精通《尚书》，门徒上百人。他擅长道术，能够使用雾气隐身，号称“五里雾”，并且将这门幻术教给他的弟子们。可是当时自关西也有一个人名为裴优，会“三里雾”，自知技不如人，去找寻张楷求教学习，可是张楷不肯见他。时值桓帝即位，裴优使用他的“三里雾”做了贼，结果被发现，严刑拷打之下把张楷也供了出来，结果张楷进了大牢，两年之后，桓帝见他并没有什么能够隐身的本事，便把他给放了。试想，如果张楷真的有隐身术，恐怕这两年的牢狱之灾也不会有了吧。

张楷的隐身术只是徒增大家的笑料罢了，可是门徒数百也足见隐身对于人们的巨大诱惑了。当然隐身术只是一个至今未出现的传说。可是现在的科技已经让我们能够做出能够“隐身”的东西了，隐身飞机就是之一。

隐形飞机“隐在何处”

可不要以为我们所说的隐形飞机真的会消失不见了，我们肉眼无法看到。其实隐形飞机隐身的对象是雷达，我们都知道，当有飞机出现时，通过雷达的扫描，飞机会立刻被发现，出现在雷达扫描仪上。而隐形飞机的目的就是尽量减少或者消除雷达接收作用，让雷达发现不到。隐形飞机主要用于军事上，作为国家的军事机密，这已经成为各国竞相关注的焦点。

我们不禁好奇要问，隐身飞机究竟是怎样实现隐身的呢？我们还得先从雷达的工作方式说起。

雷达是利用无线电波来发现目标、测定其位置的。无线电波具有恒速和定向传播的特点，当雷达波碰到了飞机时，一部分雷达波便会反射回来，然后根据雷达波的时间和方位便可以计算出飞行目标的位置了。因此要想不被雷达发现，就要想办法降低对雷达波的反射。雷达波的发射是依靠叫做雷达散射面积（Radar Cross-Section，缩写为 RCS）来衡量的。雷达散射面积就是飞机对雷达波的有效反射面积，反射面积越小，自然雷达的探测就越弱。因此想要飞机对雷达隐身就要尽可能减小雷达散射面积。

现在的手段主要有两种：一是改变飞行器的外形和结构，另一种便是采用吸收雷达波的涂敷材料和结构材料。

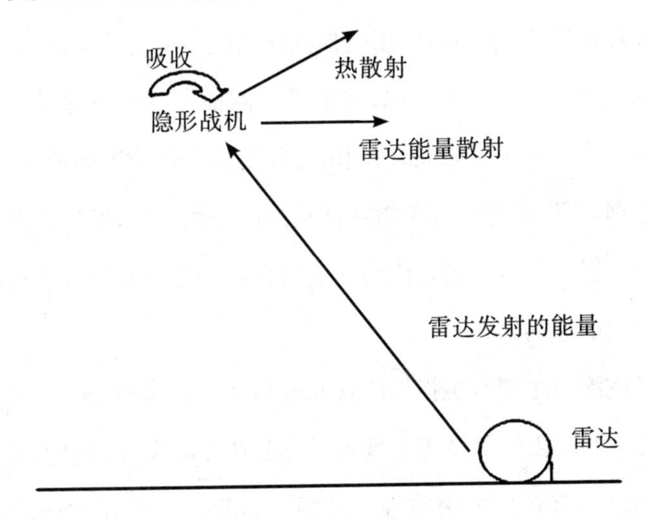

让飞机隐形的新材料

改变外形在这里不做详细介绍，我们来说一说能够让飞机隐身的那些材料。能够让飞机隐身的材料根据用途分可以分为隐身涂层材料和隐身结构材料。

使用隐身涂层材料是使用最早的一种隐身方法。早在第二次世界大战时期，为了使战机不易被敌军发现，一些飞机采用了经过试验的迷彩涂料，以降低飞机与天空背景的对比度，减小飞机的目视特征。这就是最早的隐身飞机。而现在的隐身飞机隐身材料可远远没有这么简单。现代的隐身涂层要求在尽量宽的频带内，使用尽量薄的涂层，尽量轻的材料，所得到涂层的吸雷达波能力最强，即追求薄涂层、宽频、强吸收的效果。

雷达吸波材料是目前最为重要的隐身材料了，这种材料能够吸收反射波，使反射波减弱甚至不反射雷达波。而目前我们技术能够实现的也主要是雷达吸波材料中的结构型雷达吸波材料和吸波涂料这两种。

雷达隐身涂层材料一种是能够让涂料将雷达波吸收，通过在黏合剂中加入电损耗或磁损耗填料，利用电损耗物质在电磁场作用下，使进入涂层中的雷达波转换为热能损耗掉，或是借助磁损耗材料内部偶极子在电磁场下运动受限定磁导率限制，而把电磁能转换为热能损耗掉；另一种是利用谐振原理，当涂层厚度等于雷达波长的四分之一时，通过谐振作用减少雷达波的反射。所有的雷达隐身涂层材料都是要求对相应波段的雷达波具有低反射的涂料。

雷达吸波涂料主要有磁损性涂料和电损性涂料两种。

磁损性涂料是由铁氧体等磁性填料分散在介电聚合物中组成。这种涂层在低频段内有较好的吸收性。美国 Condictron 公司生产的铁氧体系列涂料，厚 1 毫米，在 2～10 吉赫内衰减达 10～12 分贝，耐热达 500 ℃；埃默森公司的 Eccosorb Coating 268E 厚度 1.27 毫米，重 4.9 千克/平方米，在常用雷达频段内（1～16 吉赫）有良好的衰减性能（10 分贝）。但是磁损型涂料的实际重量一般为 8～16 千克/平方米，如何将重量减轻是目前需要解决的问题。

而电损性涂料通常以各种各样的碳、SiC（碳化硅）粉、金属或者镀金属纤维作为吸收剂，以介电聚合物为黏结剂所组成。这种涂料与磁损性涂料相比重量要轻得多，一般可低于4千克/平方米，高频吸收好，但是也有美中不足，它的厚度大，难以做到薄层宽频吸收，因此这种涂料目前还并没有公开用于飞机上的先例。

红外隐身涂层材料也作为一种重要的隐身材料应用。红外隐身材料是通过降低或改变目标的红外辐射特征从而实现目标的可探测性。红外隐身材料因为其坚固耐用、成本低廉、制造施工方便，且不受飞机外形的限制而受到了各国的重视，成为近年来发展最快的一种热隐身材料。美国、德国、澳大利亚等西方国家都在致力于这种隐身材料的研究与开发。

无论是雷达涂层材料还是红外隐身涂层材料，都为各个国家制作隐形战机提供了材料基础。材料的发展无论往何处发展，应用于哪个方面，它都代表的是人类的最新的一种科技成果。隐身战机拥有先进的反侦察效果，但是用于战争的成果无论如何都是我们不希望看到的。希望有一天，当各个国家没有外扰之忧时，隐形技术能走进我们寻常百姓的生活中。

亭台楼阁换新颜

穿梭在城市密集的楼宇中，看着鳞次栉比的高楼大厦，它们造型各异，每一栋都倾注着设计师当时浇灌的热情。回到温馨美丽的家庭居室，每一处布局都经过精心巧妙的设计安排。你能看到建筑传递出的美感，却不知道，因为有了新材料的加入，让这些风格不同的建筑有了更加环保的一面。那么这些新材料究竟在我们的生活中发挥着哪些独特的作用呢？让我们在这一章一探究竟吧。

变废为宝好材料

人造石材的出现

现代家居生活中，精美的装修总是令人赞不绝口。我们去参观邻居们温馨且风格各异的家装，也是一件赏心悦目的事情。随着时代的发展，人们对于居住环境有了越来越高的要求，恢弘大气成为很多人装修的标准。而

一些酒店也以大厅中光洁的大理石地板作为展示其品味的一部分。可是，因为天然石材数量有限，价格昂贵，于是就出现了替代品——人造石材。

人造石材是将不饱和聚酯树脂作为黏结剂，配以天然大理石或方解石、白云石、硅砂、玻璃粉等无机物粉料，以及适量的阻燃剂、颜色等，经配料混合、瓷铸、振动压缩、挤压等方法成型固化制成的。相对于有着悠久历史的石材和陶瓷材料来说，于二十世纪六十年代诞生的人造石材是建筑装饰材料中的新贵。1965 年人造石材诞生于美国。自从美国杜邦公司在 1965 年研制而成一种甲基丙烯酸甲酯的聚合体与天然矿石及颜料组合而成的合成材料以来，这种人造复合石材一直在装修领域中大显身手。

人造石材分类多

人造石材按照原料分类，可以分为：树脂型人造石材、复合型人造石材、水泥型人造石材和烧结型人造石材。

树脂型人造石材是以不饱和聚酯树脂为黏结剂，与天然大理碎石、石英砂、方解石、石粉或其他无机填料按一定的比例混合，再加入催化剂、固化剂、颜料等外加人造石材剂，经搅拌、固化成型、脱模烘干、表面抛光等工序加工而成的。它的成品光泽好、颜色鲜艳丰富、可加工性强、装饰效果好，因此室内装饰工程中采用的人造石材主要是树脂型的。由于不饱和聚酯树脂具有黏度小，易于成型，容易配制成各种明亮的色彩与花纹，固化快，常温下可进行操作等特点，是目前使用最广泛的石材，又称聚酯合成石。

复合型人造石材的不同在于，它所采用的黏结剂中，既有无机材料，又有有机高分子材料。其制作工艺是：先用水泥、石粉等制成水泥砂浆的坯体，再将坯体浸于有机单体中，使其在一定条件下聚合而成。对板材而言，底层用性能稳定而价廉的无机材料，面层用聚酯和大理石粉制作。复合型人造石材制品的优点是造价较低，原料简单易得，但它受温度变化影响后聚酯面易产生剥落或开裂。

水泥型人造石材是以各种水泥为黏结材料，砂、天然碎石粒为粗细骨料，经配制、搅拌、加压蒸养、磨光和抛光后制成的人造石材。配制过程中，混入色料，可制成彩色水泥石。水泥型石材的优点是生产取材方便，价格低廉，但其装饰性较差，因此不能用于家庭的高档次装修，常见的水磨石和各类花阶砖就属于此类了。

最后一种烧结型人造石材的生产方法与陶瓷工艺相似，是将长石、石英、辉绿石、方解石等粉料和赤铁矿粉以及一定量的高龄土共同混合，一般配比为石粉 60%、黏土 40%，采用混浆法制备坯料，用半干压法成型，再在窑炉中以 1000 ℃左右的高温焙烧而成。烧结型人造石材的装饰性好，性能稳定，但需经高温焙烧，因而能耗大，造价高。

人造石材优势明显

与天然石材相比，人造石材具有色彩艳丽、光洁度高、颜色均匀一致、抗压耐磨、韧性好、结构致密、坚固耐用、比重轻、不吸水、耐侵蚀风化、色差小、不褪色、放射性低等优点，同时还具有资源综合利用的优势，在环保节能方面具有不可低估的作用，是名副其实的建材绿色环保产品。那么它的优点着重表现在哪里呢？

首先是高性能。所谓高性能，是指它除了高强度、硬度高以外，耐磨性能也好，且厚度薄、重量轻，因此必然用途广泛。比如，在居室装修施工中，采用天然大理石大面积用于室内装修时会增加楼体承重，而人造石材就克服了上述缺点。人造大理石比天然大理石轻 25%左右，强度高、厚度薄，且易于加工、拼接无缝、不易断裂。除此以外，它还能制成弧形、曲面等形状，适用于形状繁复、多曲面的各样洁具，如浴缸、洗脸盆、坐便器等，这些显而易见的优点使人造石材成为当之无愧的性能之王。

其次是花色多。我们装修的时候因为装修风格的不同，必然不满足于单一的纹路。且由于现代人多元的个性，人们更不会简单满足于天然大理石的固定花色与种类。由于在加工过程中石块粉碎的程度不同，再加以不同色彩的巧妙搭配，人造石材就可以生产出千变万化的花色品种，每个系列又有许多种颜色可供选择。选购时，人们可以选择纹路、色泽都适宜的人造石材，来配合各种不同的居家色彩和装修要求，满足不同的需求。同种类型人造石材没有色差与纹路的差异，这也使得整个家庭装修保持统一性，而不会使人有花色杂乱的不适感。在铺设过程中，人造石材不仅可铺设成传统的块与块拼接的形式，而且可以切割加工成各种形状，组合成多种图案。人造复合石材还能按拼接要求切割成圆、半圆、扇形等形状，在直线条中配以柔和的曲线，给石材的冷硬中辅以柔和的感觉。

第三是用途广。经过几十年的开发研究，人造石材及其衍生物广泛应用于商业、住宅甚至军事领域。我们不难发现，无论是健康中心、医疗机构，还是写字楼、购物中心，都会出现人造石材的身影。当它作为柜台、墙体、水槽、展示架、家具、电梯的一部分出现时，无不显示出它体贴、温暖、可塑性强、接合耐久的卓越性能。

人造石材可以根据使用的需要做成各种应用等级的材料，是卫生环保材料，实心无孔，毫无隐污纳垢的空洞或缝隙，其表面接缝非常紧密，不会被水渗透。因此，在饮食服务业方面，可用来设计独创性的餐桌、陈列展台及洁净卫生的厨房工作台，同理，当被用于有严格卫生标准的医疗卫生单位时，使用者根据人体线条，灵活设计、安装在医疗室、化验室、外科手术室。

在家居装饰方面，人造石材具有一般传统建材所没有的耐酸、耐碱、耐冷热、抗冲击的特点。作为一种质感佳、色彩多的饰材，它不仅能美化是内外装饰，满足其设计上的多样化需求，更能为建筑师和设计师提供极为广泛的设计空间，以创造空间，表达自然感觉。

人造石材可以根据不同的要求配方做成一种先进的合成物，因其特殊的组成成分，使它很难被磨损，又由于颜色和图案深及材料表里，因此，可以对才质中凹纹、缺口或刮痕甚至比较严重的磨损，只要采取相应的办法进行翻新，便可回复如初，像新的一样。

现在，许多家庭在居室的厨房和卫生间的装修中都采用了人造石材做台面。由于人造石材是模仿天然大理石的表面纹理加工而成的，具有类似大理石的机理特点，在硬度、光泽及耐磨性上都比天然大理石好，而且，人造石材色泽、纹理细腻，花纹图案可以由设计者自行控制确定，可任意塑造成 100 多种色彩斑斓、感觉优雅的不同品种。丰富的色彩想象、天然的色素和不同材质的结合可以创造出缤纷的色系。

第四是环保。人造石材属资源循环利用的环保利废产业，发展人造石材产业本身不直接消耗原生的自然资源、不破坏自然环境。除此以外，该产业利用了天然石材开矿时产生的大量的难以有效处理的废石料资源，本身的生产方式是环保型的。人造石材的生产方式不需要高温聚合，也就不存在消耗大量燃料和废气排放的问题。我们这本书既然讨论的是新兴资源，那么人造石材这一种无论从生产过程还是材料本身都具有环保意义的资源就值得我们认真关注，其发展前景令人看好。

人造石材的产生，将开采天然石材时所产生的数目庞大的废料变废为宝，同时也减少了因废料所占用的土地资源。不得不说是一件于经济和环保带来双赢的好事。同时，围绕人造石材产业的发展形成的产业集群能吸收了大量人员就业，带动区域经济的发展。人造石材所提倡和彰显的环保理念也是它成为新材料界冉冉升起的一颗新星。

烈火不侵有高招

在看电影《火烧圆明园》时，我们无不为那些华美的建筑毁于一旦扼腕叹息。现实生活中，建筑师们谈到火也总是谈虎色变。无论何等壮丽恢弘、巧夺天工的建筑，被火烧过后其昔日的璀璨夺目都将不复存在，只能留下遍地焦黑，令人触目惊心。那么，有什么办法可以预防可能发生的火灾，让建筑的艺术价值得以传承后世、万古流芳呢？现代科技的发展让一切变得可能，防火涂料就在此时恰到好处地产生了。

防火特种材料

防火涂料是用于可燃性基材表面，能降低被涂材料表面的可燃性、阻滞火灾的迅速蔓延，用以提高被涂材料耐火极限的一种特种涂料，其本身不具有可燃性。防火涂料涂覆在基材表面，除具有阻燃作用以外，还具有防锈、防水、防腐、耐磨、耐热等性能，同时涂层本身还具有坚韧性、着色性、黏附性、易干性和一定的光泽等特点。防火涂料由基料（即成膜物质）、颜料、普通涂料助剂、防火助剂和分散介质等涂料组分组成。除防火助剂外，其他涂料组分在涂料中的作用和在普通涂料中的作用一样，但是在性能和用量上有的具有特殊要求。

那么，神奇的防火涂料究竟是怎样做到让火成为不可能的呢？在弄清楚防火涂料的防火原理前，我们首先得明白燃烧是怎样的一种现象，以及其发生的条件。燃烧是一种快速的有火焰发生的剧烈的氧化反应，反应非常复杂，燃烧的产生和进行必须同时具备三个条件，即可燃物质、助燃剂（如空气、氧气或氧化剂）和火源（如高温或火焰）。为了阻止燃烧的进行，必须切断燃烧过程中的三要素中的任何一个，例如降低温度、隔绝空气或可燃物。现实生活中应对火灾的种种措施都是从破坏三要素之一的方面入手，因此，防火涂料的防火机理也就产生了：防火涂料本身具有难燃性或不燃性，使被保护基材不直接与空气接触，延迟物体着火和减少燃烧的速度。除此以外，它还具有较低的导热系数，可以延迟火焰温度向被保护基材的传递。防火涂料受热分解出不燃惰性气体，冲淡被保护物体受热分解出的可燃性气体，使之不易燃烧或燃烧速度减慢。含氮的防火涂料受热分解出 NO、NH_3 等基团，与有机游离基化合，中断连锁反应，降低温度。膨胀型防火涂料受热膨胀发泡，形成碳质泡沫隔热层封闭被保护的物体，延迟热量与基材的传递，阻止物体着火燃烧或因温度升高而造成的强度下降。

防火涂料的种类

防火涂料按照涂料的性能可以分为两大类：一类是非膨胀型防火涂料，另一类是膨胀型防火涂料。非膨胀型防火涂料主要用于木材、纤维板等板材质的防火，用在木结构屋架、顶棚、门窗等表面。而膨胀型防火涂料则可以更进一步细分为有无毒型膨胀防火涂料、乳液型膨胀防火涂料、溶剂型膨胀防火涂料。无毒型膨胀防火涂料一般作为保护电缆、聚乙烯管道和绝缘板的防火涂料或防火腻子。乳液型膨胀防火涂料和溶剂型膨胀防火涂料则可用于建筑物、电力、电缆的防火。按用途和使用对象的不同，防火涂料也可以被分为：饰面型防火涂料、电缆防火涂料、钢结构防火涂料、预应力混凝土楼板防火涂料等。

除此以外，科技的发展使防火涂料的种类愈加多样：如透明防火涂料、水溶性膨胀防火涂料、酚醛基防火涂料、乳胶防火涂料聚酯酸乙烯乳基防火涂料、室温自干型水溶性膨胀型防火涂料、聚烯烃防火绝缘涂料、改性高氯聚乙烯防火涂料、氯化橡胶膨胀防火涂料、防火墙涂料、发泡型防火涂料、电线电缆阻燃涂料、新型耐火涂料、铸造耐火涂料等，种类繁多的防火涂料丰富了这个大家庭，更使得具有针对性、更加精准的应用成为可能。

防火涂料涂覆于物体表面，在遇火时涂膜本身难燃或不燃，对基材有较好的保护作用，为灭火和人员撤离赢得了时间。因此对它的研究和应用已引起了世界各国的高度重视。中国防火涂料的发展，较国外工业发达国家晚 15～20 年，虽然起步晚，但发展速度较快。尤其是钢结构防火涂料，从品种类型、技术性能、应用效果和标准化程度上看，已接近或达到国际先进水平。

防火涂料的推广与应用

自 1837 年研制出第一个防火涂料配方以来，防火涂料不断发展，而且性能也得到了很大改善。近十几年来防火涂料发展方兴未艾，其耐水性能、防火性能有了很大改进和提高，品种和应用范围不断扩大。有的国家还制定法律，规定用于学校、医院、电影院等公共建筑内的涂料必须是阻燃的，否则不准兴建。可见防火涂料已经引起人们极大的重视。随着整个涂料工业向节能、低污染、高性能方向发展，目前水乳液型的防火涂料已占了越来越大的比例。与此同时，提高防火涂料的耐水性能、防火性能、装饰性能、降低成本等方面也不断取得进展。

防火涂料的应用范围也很广泛。我们知道,含卤素等难燃化的有机聚合物往往导致材料的物性变劣,使用寿命缩短、价格提高。采取在其表面涂覆防火涂料的办法来进行防火保护,不但能保持原来有机合成材料的优良性能,而且经济适用。可以说防火涂料在有机合成材料上的应用有着广阔的前景。此外,普通钢材被加热至 540 ℃左右即丧失了结构强度,混凝土结构在高温火焰作用下也容易开裂崩解。因此,对钢铁结构和混凝土结构进行防火保护,使它们在火灾发生时能延长发生变形破坏的时间,为灭火赢得时间,减少火灾损失,受到人们很大的重视。防火涂料在钢铁结构和水泥结构上的应用也在逐渐扩大。

随着工业向大型化和建筑向集群化、高层化发展,人们的防火意识不断增强,对于建筑耐火性的要求也不断增高。科学技术的不断发展和人们迫切的需求使得大家对防火涂料的关注日益增长,防火材料已经逐渐成为国家建设和人民生活中不可缺少的材料之一。2008 年北京奥运会举世瞩目,其主题建筑鸟巢的精巧设计不仅展示了中国良好的对外形象和中国人民对于奥运、对于和平的期盼，其建筑方面的造诣也令人赞叹不已，而鸟巢的主体钢结构上就有防火涂料来增加其安全保障。因此我们有理由相信，随着经济的发展和人民意识的提高，防火涂料的明天会更加灿烂广阔，它作为建筑保护神的地位也会更加稳固。

耐火材料

说起防火涂料，和防火涂料有类似针对目标——火的还有耐火材料。比如在冶金时，如果盛放熔化金属的材料熔点比要冶炼的金属还低，那岂不是会造成很大的麻烦。因此，寻找这样一种能够耐火的材料成为许多行业的当务之急。

耐火材料是指耐火度不低于 1580 ℃的一类无机非金属材料。其广泛用于冶金、化工、石油、机械制造、硅酸盐、动力等工业领域，在冶金工业中用量最大，占总产量的 50％～60％。我们可以发现，耐火材料的来源非常广阔，可是怎样判断哪种材料有成为耐火材料的潜质？就需要参考耐火度了。那么什么是耐火度呢？原来，耐火度是指耐火材料锥形体试样在没有荷重情况下，抵抗高温作用而不软化熔解的摄氏温度。

通过查阅耐火材料的历史我们发现，中国在 4000 多年前就使用杂质少的黏土，烧成陶器，并已能铸造青铜器。耐火材料与高温技术相伴出现，大致起源于青铜器时代的中期。东汉时期已用黏土质耐火材料做烧瓷器的窑材和匣钵。可见，耐火材料在我国的发展历史非常悠久。在西方，中世纪、文艺复兴直至工业革命，耐火材料也得到不断的发展。到了 20 世纪初，耐火材料向高纯、高致密和超高温制品方向发展，同时出现了完全不需烧成、能耗小的不定形耐火材料和耐火纤维。到现代，随着原子能技术、空间技术、新能源技术的发展，具有耐高温、抗腐蚀、抗热振、耐冲刷等综合优良性能的耐火材料得到了广泛的应用。我国有着生产耐火材料的丰富资源，在中国东北，耐火材料的生产更是如火如荼。因此，我们有理由认为，耐火材料的明天会发展得更好。

耐火材料大家族

耐火材料种类繁多，通常按耐火度高低分为普通耐火材料（1580 ℃～1770 ℃）、高级耐火材料（1770 ℃～2000 ℃）和特级耐火材料（2000 ℃以上）；按化学特性分为酸性耐火材料、中性耐火材料和碱性耐火材料；按矿物质组成可分为氧化硅质、硅酸铝质、镁质、白云石质、橄榄石质、尖晶石质、含炭质、含锆质耐火材料及特殊耐火材料；按生成方式可分为天然矿石和人造制品；按其形状可分为块状制品和不定形耐火材料；按热处理方式可分为不烧制品、烧成制品和熔铸制品；按耐火度可分为普通耐火材料、高级耐火材料及特级耐火材料；按化学性质可分为酸性耐火材料、中性耐火材料及碱性耐火材料；按其密度可分为轻质耐火材料及重质耐火材料；按其制品的形状和尺寸可分为标准砖、异型砖、特异型砖、管和耐火器皿等；还可按其应用分为高炉用、水泥窑用、玻璃窑用、陶瓷窑用等；此外，还有用于特殊场合的耐火材料。

酸性耐火材料以氧化硅为主要成分，常用的有硅砖和黏土砖。中性耐火材料以氧化铝、氧化铬或碳为主要成分，而碱性耐火材料以氧化镁、氧化钙为主要成分，常用的是镁砖。经常使用的特殊材料有 AZS 电熔砖、刚玉砖、直接结合镁铬砖、碳化硅砖、氮化硅结合碳化硅砖、氮化物、硅化物、硫化物、硼化物、碳化物等非氧化物耐火材料；氧化钙、氧化铬、氧化铝、氧化镁、氧化铍等耐火材料。

耐火材料的大家族种类繁多，而随着耐火材料的应用范围的不断扩大，需求不断增多，我们相信，会有更多种类的耐火材料被发明，它为我们美好生活可以贡献的力量也就越来越大啦。

自我清洁的保护膜

2008年北京奥运会是所有中国人都忘不掉的美好回忆，惊艳的开幕式、精彩的比赛都为四方看客带来了一场无与伦比的体育盛会。而无论赛事开始前还是赛事结束后，留给人们最津津乐道的恐怕就是奥运场馆了。北京奥林匹克场馆中，通体膜结构的国家游泳中心自然引人注目。这个看似简单的“方盒子”是中国传统文化和现代科技共同“搭建”而成的。俗话说，没有规矩不成方圆，按照制定出来的规矩做事，就可以获得整体的和谐统一。在中国传统文化中，“天圆地方”的设计思想催生了“水立方”，它与圆形的“鸟巢”——国家体育场相互呼应，相得益彰。方形是中国古代城市建筑最基本的形态，它体现的是中国文化中以纲常伦理为代表的社会生活规则。而这个“方盒子”又能够最佳体现国家游泳中心的多功能要求，从而实现了传统文化与建筑功能的完美结合。水是一种极其重要的自然元素，设计者将水的理念不断深化，他们为“方盒子”包裹上了一层建筑外皮，上面布满了酷似水分子结构的几何形状，表面覆盖一层透明膜又赋予了建筑冰晶状的外貌，使其具有独特的视觉效果和感受，轮廓和外观变得柔和，水的神韵在建筑中得到了完美的体现。水立方最终选用的这种透明膜就是ETFE膜。

ETFE膜是透明建筑结构中品质优越的替代材料，多年来在许多工程中以其众多优点被证明为可信赖且经济实用的材料。

新型屋顶材料

ETFE 的中文名为乙烯－四氟乙烯共聚物，是由人工高强度氟聚合物制成。ETFE 膜材的厚度通常小于 0.20 毫米，是一种透明膜材。ETFE 材料具有聚四氟乙烯的耐腐蚀特性，克服了聚四氟乙烯对金属的不粘合性缺陷，加之其平均线膨胀系数接近碳钢的线膨胀系数，使 ETFE(F－40)成为和金属的理想复合材料。

ETFE 特有的抗黏着表面使其具有高抗污、易清洗的特点，只要雨水即可清除主要的污垢。ETFE 膜使用寿命至少为 25～35 年，是用于永久性多层可移动屋顶结构的理想材料。该膜材料多用于跨距为 4 米的两层或三层充气支撑结构，也可根据特殊工程的几何和气候条件，增大膜跨距。膜长度以易安装为标准，一般为 15～30 米，小跨度的单层结构也可用较小规格。ETFE 膜达到 B1、DIN4102 防火等级标准，即使燃烧时也不会滴落，且该膜质量很轻，每平方米只有 0.15～0.35 千克。这种特点使其即使在由于烟、火引起的膜融化情况下也具有相当的优势。根据位置和表面印刷的情况,ETFE 膜的透光率可高达 95%。该材料不阻挡紫外线等光的透射,以保证建筑内部自然光线。通过表面印刷,该材料的半透明度可进一步降低到 50%,根据几何条件及膜的层数,其 K 值(传热系数,是指在稳定传热条件下,围护结构两侧空气温差为 1 K 时,1 小时通过 1 m^2 面积传递的热量)可高达 2.0 $W/(m^2 \cdot K)$,耗能指数(以一个三层印刷的膜为例)可达到 0.77。

由于其优秀品质,ETFE 膜几乎不需日常保养。可对其由于机械损坏的屋顶进行简单检查(一年一次为宜),并根据需要就地维修。同时也可检查通风系统,更换过滤装置。

集众多优点于一身的 ETFE 膜材料为现代建筑提供了一个创新方案,使得现在很多大型的建筑材料都用 ETFE 膜材料。作为诸如“水立方”这样的大型比赛场馆,使用 ETFE 膜材料的更大优势还在于它可以加工成任何尺寸和形状,满足大跨度的需求,节省了中间支承结构。作为一种充气后使用的材料,它可以通过控制充气量的多少,对遮光度和透光性进行调节,有效地利用自然光,节省能源,同时起到保温隔热作用。

当然,这种材料尽管优势明显,劣势也是比较明显的。它的拉伸长度只有 3 米,拉伸性是及其有限的,弹性十足的它必须的也是唯一的解决方案就是施加衬垫,而这些衬垫需要补给加压空气,一个使用 ETFE 膜的露天广场,我们仅仅需要监控的衬垫就有大约 13 200 个,更不用说补给空气所需要耗费惊人的电力了。ETFE 膜初始建造的费用非常高昂,相当于同等面积高档的玻璃幕墙,尽管可以自我清洁效果显著,但是每日的维护是必不可少的,也此还要有一个专门的维修小组来保证其正常运转,人力物力成本还是比较高的。

世界第八大奇迹

ETFE膜的使用源于上个世纪90年代，至今已经二十余年的历史，最具盛名的应该算是英国新千年应典工程之一——“伊甸园”。它由4座穹顶状建筑连接组成的全球最大温室，上面覆盖着由ETFE薄膜材料制成的透明盖板，其质量只有相同面积玻璃质量的1%，使用寿命超过25年，透明薄片可以回收利用，并具有良好的保温性。它被誉为“世界第八大奇观”。

玻璃界中的“变色龙”

光明与黑暗的操纵者

太阳为我们带来温暖和光明，随着地球的自转运动，一天之中太阳的位置不尽相同，因此光线总是千变万化。在很多时候我们希望室内有足够充足的阳光，但现代人注重私密生活的意识逐渐提高，但密集的高楼使得我们只能时时拉上窗帘。有没有什么办法可以平衡阳光与隐私呢？答案是有的，神奇的现代科技将调光玻璃带到了我们的眼前。

调光玻璃是一款将液晶膜复合进两层玻璃中间，经高温高压胶合后一体成型的夹层结构的新型特种光电玻璃产品。使用者通过控制电流的通断与否控制玻璃的透明与不透明状态。玻璃本身不仅具有一切安全玻璃的特性，同时又具备控制玻璃透明与否的隐私保护功能，由于液晶膜夹层的特性，调光玻璃还可以作为投影屏幕使用，替代普通幕布，在玻璃上呈现高清画面图像。

根据控制手段及原理的异同，调光玻璃可借电控、温控、光控、压控等等各种方式实现玻璃之透明与不透明状态的切换。居于各种条件限制，目前市面上实现量产的调光玻璃，几乎都是电控型调光玻璃。电控型调光玻璃的工作原理是怎样的呢？当电控产品关闭电源时，电控调光玻璃里面的液晶分子会呈现不规则的散布状态，使光线无法射入，让电控玻璃呈现不透明的外观。但是，只要给调光玻璃通电，里面的液晶分子呈现整齐排列，光线可以自由穿透，调光玻璃就会瞬间呈现透明状态。

调光玻璃出现于上世纪80年代，由美国肯特州立大学的研究人员发明。在国内，它更是被人们亲切地赋予"魔法玻璃"这一称号，可见调光玻璃的特性得到了普遍的接受和认同。智能电控调光玻璃与2003年开始进入国内市场。但因为由于售价昂贵且识者甚少，其后的近十年间在中国发展缓慢。随着国民经济的持续高速增长，国内建材市场发展迅猛，智能电控调光玻璃的需求日益增大，和其本身成本由每平方米的几十万降为每平方米几万元，逐渐被建筑及设计业界所接受并开始大规模应用，调光玻璃也开始步入家庭装修应用领域，相信，不久的将来，这种实用的高科技产品将会走进千家万户。

调光玻璃的特点

那么，这种"魔法玻璃"究竟有哪些功能可以让它从众多玻璃中脱颖而出呢？我们为大家总结出来以下几点：

首先是隐私保护，这同时也是智能调光玻璃的最大亮点，可以随时控制玻璃的透明不透明状态。如果将阳台飘窗更换成调光玻璃，便可以在鳞次栉比的高楼住户的私密性上做出革命性的改善。日常情况下，调节到透明状态，保持透亮采光；随意状态下，为保持安全感，可调节到不透明状态，却依然有阳光可亲近，实在是一举两得的好方法。而这种隐私保护也可以同样应用于商业领域，如办公区域、会议室、监控室隔断。即使是偌大的办公区，被数面墙体或磨砂玻璃隔断也会显得狭小憋闷，全部采用通透玻璃设计又缺乏商务保密性，可以自由调节通透度的调光玻璃就可以解决烦恼，日常状态下可调节为全光照透明状态，而当有需要时，只要轻轻按动遥控器,则可让整个区域从周围目光中彻底模糊掉。甚至在医疗领域,调光玻璃也可以得到很好的应用,用调光玻璃替代掉医院隔离病床做检查的帘子,既可以让病人放心,有大大增加了美观度。同时它也具有利于清洁、环保无污染的优点,很适合医院使用。

其二是投影功能,智能调光玻璃是一款非常优秀的投影硬屏,它的另一个名称便是“智能投影玻璃屏”。在光线适宜的环境下,智能调光玻璃的不透明状态可替代成像幕布,如果选用高流明投影机,投影成像效果非常清晰出众。

第三是它具有很大的安全性。智能调光玻璃的抗打击强度非常令人满意,即便是破裂后也可以有效防止碎片飞溅。

第四,调光玻璃还非常环保。调光玻璃中间的调光膜及胶片可以隔热、阻隔 99%以上的紫外线及 98%以上的红外线。屏蔽部分红外线减少热辐射及传递。而屏蔽紫外线,可保护室内的陈设不因紫外辐照而出现退色、老化等情况,保护人员不受紫外线直射而引起的疾病。

最后是调光玻璃的隔音效果。调光玻璃中间的调光膜及胶片可以在很大程度上阻隔噪音,解决了现代家居生活中噪音问题的困扰。除此以外,还有人发现了智能调光玻璃在展厅、博物馆、商场、银行等地的新应用。调光玻璃作为橱窗或展柜玻璃时,正常情况下保持透明状态,一旦遇到突发情况，则可利用远程遥控，瞬间达到模糊状态，使犯罪分子失去目标，可以最大限度保证人身及财产安全。

总之，调光玻璃的应用场所非常广泛，覆盖行政办公、公共服务、商业娱乐、家居生活、广告传媒、展览展示、影像、公共安全等诸多领域。调光玻璃的前景被广泛看好。而因为这种魔法玻璃，我们未来生活的舒适度也可以大大提高。

环保节能“急先锋”

人类的现代文明总是伴随着城市的快速发展，城市已经成为了人们生活的主要阵地。放眼望去，我们的城市每天都在以惊人的速度变化着。当我们发现一栋栋高楼拔地而起，它们彼此之间也是各不相同造型各异。现代建筑讲究的美感已经远远不是传统材料所能够驾驭了。特别是现在越来越多的大面积使用玻璃幕墙的建筑，更是对使用的玻璃材料提出了要求：既要美观，满足不同的颜色需要，又要节能，充分体现环保节能的理念，当然最重要的就是安全，要足够结实。而在对种种玻璃的精挑细选中，有两种玻璃最为吸引人的眼球，一种是将环保节能发挥得淋漓尽致，而另一种则是“自给自足”——自己发电作供给，这便是 Low-E 玻璃与发电玻璃。

环保的 Low-E 玻璃

在节能环保面前，Low-E 玻璃（低辐射镀膜玻璃）脱颖而出。特别是德国出台了 Wschvo 法规，法规规定建筑物必须采用环保节能的 Low-E 玻璃，来减少碳排放，同时给人体带来冬暖夏凉的舒适体验。这就使得我们对于这种玻璃的兴趣更加浓厚了。Low-E 玻璃究竟为什么深得现代建筑工艺的青睐呢？

当设计师对建筑进行设计时，都会提前进行建筑规划，在规划中设计师们很注重的确一个焦点是道德层面的问题。随着城市的发展,资源的匮乏愈演愈烈,Low-E 玻璃将成为城市中不容忽视的一部分。其次是环境的问题。目前气候变暖,这将对全世界造成潜在的威胁。在建筑方面,能源消耗应对全球变暖负一部分的责任。对人类而言,能源的使用效率是一个道德方面的问题——而且是一个相当重要的问题。于是如何在建筑结构上找到可以减少能源消耗的方法就变成很重要的工作。

在众多的玻璃当中,Low-E 玻璃的表面辐射率在 0.25 以下,可以将 80%以上的远红外线热辐射反射回去,而且 Low-E 玻璃具有良好的阻隔热辐射透过的作用。在寒冷地区,它对室内暖气及室内物体散发的热辐射,可以像一面热反射镜一样,将绝大部分反射回室内,保证室内热量不向室外散失,从而节约取暖费用。在比较炎热的地区,它可以阻止室外地面、建筑物发出的热辐射进入室内,节约空调制冷费用。Low-E 玻璃的可见光反射率一般在 11%以下,与普通白玻相近,低于普通阳光控制镀膜玻璃的可见光反射率,可避免造成反射光污染 Low-E 玻璃还具有非常好的透光性，良好的可见光透过率使得室内可以具有良好的采光。

Low-E 玻璃还可以根据工艺不同和使用的元素的不同生成多种色彩，最基本色、蓝、绿、灰三种基本色调还可以根据需要制作出金色、银色等更多色彩。

这些特性让这个玻璃中的后起之秀一跃成为耀眼的明星。

Low-E 玻璃的制作

Low-E 玻璃是通过在线高温热解沉积法或离线真空溅射法制作出的一种玻璃，通俗地说，就是在普通的热玻璃上通过这两种方法镀上了一层膜而制作完成的。在线高温热解沉积法是将液体的金属或者金属粉末直接喷到热玻璃的表面，当玻璃逐渐冷却，喷上的金属膜层便成了玻璃的一部分，Low-E 玻璃便制作完成了。通过离线真空溅射法生产出的 Low-E 玻璃表面有多层膜，上下有两层金属膜，金属膜的中间有一层纯银镀膜作为功能膜。在制作过程中，或水平放置玻璃或垂直放置玻璃。已经嵌入了银、硅等材质的阴极在高压电的作用下发生电离，与气体分子碰撞产生的正离子达到一定能量后撞击阴极靶材，撞击出的靶材便沉积在玻璃基片上形成了镀膜。

两种工艺做出的低辐射镀膜玻璃并非相同，它们各有优劣。在线高温热解沉积法做出的 Low-E 玻璃钢化不必在中空的状态下使用，而且坚硬钢化，可以长期储存，但是热学性能比较差，除非是增加镀膜的厚度，可是增加厚度透明性就非常的差；与之相比的离线真空溅射法制作的 Low-E 玻璃热学性能也比前者好一倍以上，而且易于开发新产品，但是氧化银膜层薄膜非常的脆弱，它不可能像普通玻璃一样使用，必须做成中空玻璃，并且不做成中空玻璃长途运输也成了问题。但是总的来说离线真空溅射法是目前国际上普遍采用的一种方法。

由于制作工艺的特殊性，其价格肯定比普通玻璃要高一些，这种玻璃还并没有真正的普及开来。特别是在中国，制作 Low-E 玻璃的水平还较低，现有的生产线并不能满足镀制 Low-E 玻璃的要求。但是现在对于现代建筑绝大多数是以节能环保性来评定这个建筑的水准高低，因此，Low-E 玻璃也会逐渐普及开来。

异想天开的“发电玻璃”

如果说 Low-E 玻璃将环保节能发挥至极，那么供给建筑能源的玻璃大概要被人们称作是异想天开了。但一位瑞士的化学家迈克尔·格拉蔡就将这种能发电的玻璃变为现实。他经过几年的研究和不断改进，终于发明了一种能发电的窗户玻璃。因为现在世界面临能源危机，石油和煤炭总有一天会消耗殆尽，但太阳能却是取之不尽的，格拉蔡就想：世界上的住房和建筑物上该有多少窗户呀？如果能使向阳光那一面的窗户都能利用太阳能发电，那么得到的电力加起来简直是一个天文数字。于是，他从 20 世纪 80 年代末就开始研究能发电的太阳能窗户。

1991 年 10 月，格拉蔡终于成功地制造出了一种奇特的太阳能玻璃板，这种玻璃板不仅可以安在各种建筑物上作窗户，又可以同时发电，而且得到的电能要比现在通常用的硅太阳能电池的价格便宜 5～10 倍。

这种玻璃外表看起来和普通玻璃似乎没有什么区别，但实际上里面有许多“机关”。格拉蔡在两层普通玻璃板之间“夹进”了一些特殊的，遇到阳光就能发电的超薄化合物，其中包括二氧化锡导电层、二氧化钛半导体层和一种以含碘为主的电解液层及一种类似植物中的叶绿素的染色层。

你也许会问，玻璃板之间夹了这许多层“馅”，还能透光吗？其实你用不着担心，别看玻璃板之间有这么多夹层，但它们总的厚度才10微米，因此完全可以透过光线，一点也不影响室内的亮度。

太阳能玻璃发电

那么这种古怪的玻璃板是怎么发电的呢？当光线穿过外层玻璃和非常薄的二氧化锡层及电解液层，到达染色层时，染色层就吸收太阳光中的光子，光子是一种带有能量的粒子（用肉眼根本看不到，比细菌还小得多），别看这种粒子小，它打在染色层上却可以把一个电子给轰出来，轰击出来的电子进到二氧化钛半导体层内，又转移到紧挨着它的二氧化锡导电膜中，形成电子流。这样，在里外两层玻璃上的二氧化锡就像一个干电池的正负极，带上了电，只要在这两个正负极之间连接上收音机和电灯泡之类的电器，就可以收听音乐和照明。

现在这种太阳能玻璃板每平方米可以发出150瓦的电力，全世界的玻璃窗户要是都换上这种玻璃板，其可发的电力非常诱人。当然，眼下这种发电玻璃还比较贵，但比起现在常用的硅太阳能电池要便宜。而且预计，这种玻璃只要今后大量生产，成本会不断下降，因为制造这种发电玻璃的原料包括二氧化锡、二氧化钛都是易得且价格低廉的材料。

现在，越来越多的公司开始关注发电玻璃，最近美国的毕达哥拉斯太阳能公司开发了一种新绿色建筑材料，它同时具备节能和高密度利用太阳能发电的功能，并且美观精致。与传统的建筑一体化光伏产品不同的是，该新型太阳能玻璃能够同时阻挡太阳辐射、集中阳光，并将其转换为太阳能。它还能过滤猛烈的阳光和过高的热度，提供良好的自然采光，减少在白天对人工照明的使用。而且它主要是利用红外辐射发电，这样既可以发电又可降低昼光温度，并且可见光透光率很好，相信正是多数向南的办公大楼所需要的。

总之，太阳能玻璃窗用于建筑上的前景是十分诱人的，形象地说它们就像“光伏农场”，使用了它们就能获得源源不断的能量。它既是玻璃窗，又能吸收太阳能发电。通过采集它发出的点可以直接用到家用小电器上，比如可以用于房间冷暖气设备的电力供应。太阳电池可以和不同的玻璃结合制成各种特殊的玻璃幕墙和天窗，如隔热玻璃组件、防紫外线玻璃组件、防盗或防弹玻璃组件、防火组件等。当然现今最主要解决的问题是怎样提高太阳能电池发光效率以及怎样有效地收集它们生成的电能。相信随着科技的不断进步，太阳能将会给我们带来更多惊喜。

材料也能救死扶伤

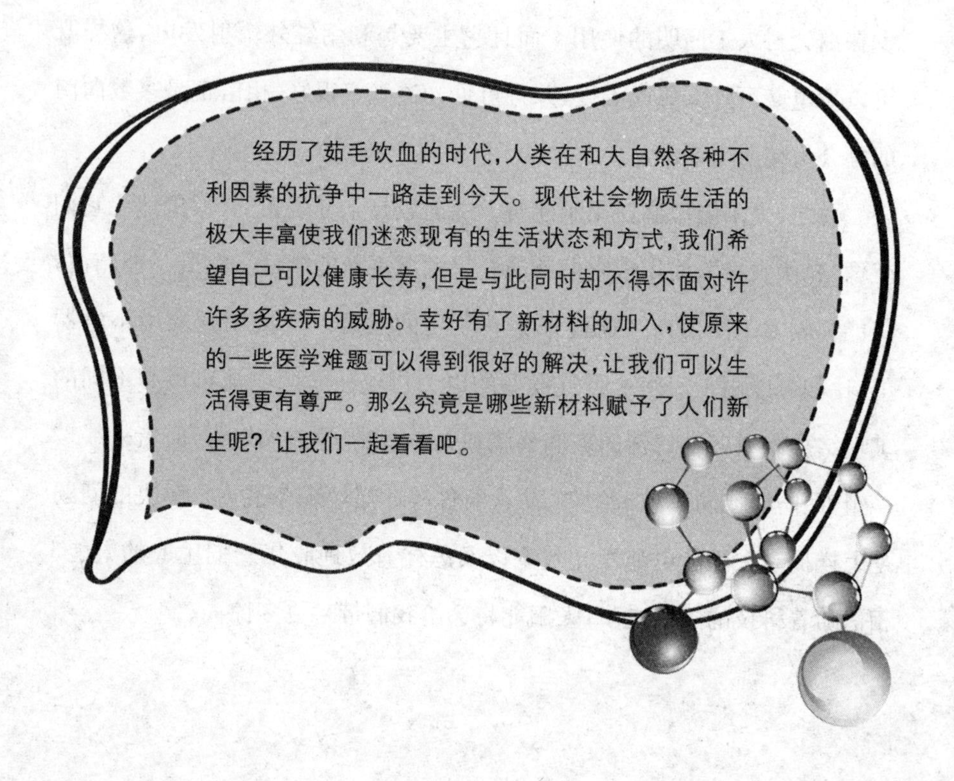

经历了茹毛饮血的时代，人类在和大自然各种不利因素的抗争中一路走到今天。现代社会物质生活的极大丰富使我们迷恋现有的生活状态和方式，我们希望自己可以健康长寿，但是与此同时却不得不面对许许多多疾病的威胁。幸好有了新材料的加入，使原来的一些医学难题可以得到很好的解决，让我们可以生活得更有尊严。那么究竟是哪些新材料赋予了人们新生呢？让我们一起看看吧。

心灵之窗重放光芒

保护好“心灵的窗口”

眼睛是人类心灵的窗口。我们对于这个世界的观察和认知，很大程度上是依靠眼睛进行的。因此，好的视力对于我们来说非常必要，在好视力的帮助下，我们可以更清晰地感受花草虫鱼的缤纷和春夏秋冬的绚烂。

但是，小时候不注意用眼卫生，便可能造成假性近视，如果这时候再不加以注意，就会成为真正的近视。这里首先要提醒小朋友们，一定要注意保护自己的眼睛，不要在黄昏的时候看书，不要躺着看书，不要过长时间看电视，以及坚持做眼保健操等，不然等到眼睛近视了，便会追悔莫及。

当然，如果眼睛真的已经近视了，我们就应该去医院配一副适合自己的眼镜，来帮助自己看清远处的东西。可是很多爱美的女孩子觉得配戴框架眼镜会遮住自己的花容月貌，并且有的时候也不方便。对于一些职业来说，比如演员、主持人，框架眼镜的确会影响他们的荧屏形象，那么，有没有什么办法可以替代框架眼镜，又能让我们看清楚呢？

隐形眼镜在此时便派上了用场。对于隐形眼镜我们一定不会感觉到陌生。没吃过猪肉也见过猪跑，即使自己没有配戴隐形眼镜的经历，也一定看见过别人戴。那么接下来，我们就要给大家讲讲这种大家习以为常的眼镜。

隐形眼镜

隐形眼镜(contact lens),也叫角膜接触镜,是一种戴在眼球角膜上,用以矫正视力或保护眼睛的镜片。根据材料的软硬它包括硬性、半硬性、软性三种,隐形眼镜不仅从外观上和方便性方面给近视、远视、散光等屈光不正患者带来了很大的改善,而且视野宽阔、视物逼真。此外,隐形眼镜在控制青少年近视、散光发展、治疗特殊的眼病等方面也发挥了特殊的功效。

隐形眼镜的规格标准一般参照以下几个方面:(1)材质,分为硅水凝胶和水合聚合物;(2)中心厚度:一般说来低含水镜片中心厚度相对较薄,高含水镜片中心厚度会设计的更厚;(3)透氧系数:与镜片材料、镜片含水量及镜片设计有关;(4)直径:13.5～14.5 毫米(此为最常见的隐形眼镜直径范围,某些品牌的彩色隐形眼镜为了美观,直径可能超过这个范围,但应考虑到实际运用);(5)光学区:指外界光线通过而进入瞳孔的镜片中央区域,镜片的屈光力由该部分起作用;(6)镜片的色泽:一般透明镜片为淡水蓝色,也无色,或者彩色隐形眼镜;(7)基弧:一般软镜的基弧应比角膜前表面曲率大 0.6～0.8 毫米;(8)含水量:含水量的高低会影响镜片的

特性。含水量越高，镜片比较柔软，但也比较容易变形破损，镜片更容易失去水分；反之含水量越低，镜片成型性会更好，变形程度小，相对高含水镜片来说不容易出现脱水的情况。含水量高低一般是这样来划分的：含水量小于38％称为低含水镜片，42％～60％为中含水量镜片，大于60％称为高含水镜片。

隐形眼镜的分类

在购买隐形眼镜时，我们常常站在种类繁复的隐形眼镜前手足无措，不知道该购买哪一种，这里，我们就将隐形眼镜的常见类型分列出来，帮助大家区分和选择。隐形眼镜按照镜片的材质分为硬性隐形眼镜（简称RGP）、软性隐形眼镜和透气性眼镜。其中，软性隐形眼镜由于配戴较为舒适，时至今日已成为最普及的镜片种类。

而根据配戴方式，可分为日戴型、长戴型、弹性配戴型和夜戴型。日戴型顾名思义为每日配戴。长戴，指配戴者在睡眠状态下仍配戴镜片，持续数日方取下镜片。夜戴型隐形眼镜指夜晚睡觉时戴镜，早上起床时摘下。弹性配戴型则指戴着镜片午睡或偶尔配戴镜片过夜睡眠，每周不超过2夜（不连续）。依据镜片使用周期长短，则可分为抛弃型、定期更换式、传统型。初戴者可以按照4小时、6小时、8小时递增，慢慢地适应后可延长时间。

按照周期分类可分为传统式镜片：镜片的使用时限超过6个月；软镜一般为6～12个月；透气硬镜通常为1～2年；定期更换式镜片的使用时限为1～6个月；抛弃式镜片的使用周期一般为1个月以内。

按照镜片的功能分为：视力矫正镜片——供屈光不正、无晶体眼或圆锥角膜患者使用；美容镜片——供希望加深和改变眼睛颜色者使用；治疗镜片——供以隐形眼镜作为治疗手段的各种眼疾患者使用；色盲镜片——供色盲者改善辨色力使用。按抛弃时间则可以分为:日抛型、月抛型、季抛型、半年抛型和年抛型。

隐形眼镜的利弊

隐形眼镜对高度近视及高度散光的视力矫正效果,比普通眼镜起到的效果更佳,而且视野不受镜架限制的困扰,但是配戴时间不宜过长,因为如果长期每日配戴隐形眼镜,又长期处于空调环境中,难免眼睛干涩疲劳,除了要多眨眼、多休息外,尽量不要连续戴普通水凝胶材质的隐形眼镜超过 12 小时,不可戴镜午睡,更不可戴镜晚上睡觉。另外,有干眼症、睫毛倒长、眼睑内翻或外翻、生活工作环境属高温多尘的近视族,建议慎重配戴隐形眼镜。医院因此专家提醒配戴隐形眼镜需要到正规医院或者配镜机构做详细的检查,选择适合自己配戴的隐形眼镜,并注意眼部卫生,避免引起其他眼部症状,如果配戴后发现不适,及时到医院做检查。

如果确定自己是适合使用隐形眼镜的人群,在隐形眼镜的选择上,医生也给出了这样的建议:硬式高透氧镜片因为不吸附泪液中的脂质、蛋白及空气中的尘埃,所以一般不会使眼睛过敏及发炎,且硬式镜片寿命较长,可维持 3～5 年,但缺点是配戴者适应期较长、有异物感、镜片易滑脱,所以从事运动者较不适合。此外,近来出现的抛弃式隐形眼镜,因价格降低且方便卫生,特别适合过敏体质的人配戴。

无论选择何种隐形眼镜都应该先请专业医师详细检查眼睛状况,评估眼表健康状况及泪液机能之后,镜片配戴后,需在裂隙灯显微镜下去评估镜片的定位、松紧度与滑动程度是否都合适,而且要做到:①配戴严格规范。按配戴师训导规定,按说明书规定,戴、脱隐形眼镜操作规范化,防止指甲、夹子、尖锐物品损伤镜片;②配戴前专门检查,由专业眼科医生检查，患有沙眼、角膜炎、结膜炎、高血压、糖尿病、内分泌失调等疾病，未成年儿童不宜配戴隐形眼镜；③通常初戴者一周后到配戴中心检查，常戴者3～6个月复查一次，用后发现不适用问题，随时要去配戴中心检查，确保用眼卫生；④严防化学损伤，使用化妆品的隐形眼镜配戴者，必须遵循先戴镜后化妆，先脱镜后卸妆的原则，严防洗发护肤美容化学品损伤镜片；⑤存放安全卫生镜片脱下放入专门镜盒，并由护理液浸没，镜盒要确保消毒卫生，并防止镜盖压坏镜片。

目前隐形眼镜的品牌和品类都很多，所以在选择隐形眼镜的时候应该考虑自己的眼睛健康状况、实际使用需求和产品的特点，这样选择的产品才是最适合自己的，不能只是盲目的听从别人的建议或只考虑到美观，尽量去正规的场所验配，选择有保障的隐形眼镜品牌。

总之，选择隐形眼镜时除了美观，更应该考虑到安全。科技的目的是造福人类，因此我们一定要好好加以利用，这样才会生活的更加幸福。

让人重返光明的人造角膜

说完了隐形眼镜，再来说说人造角膜。

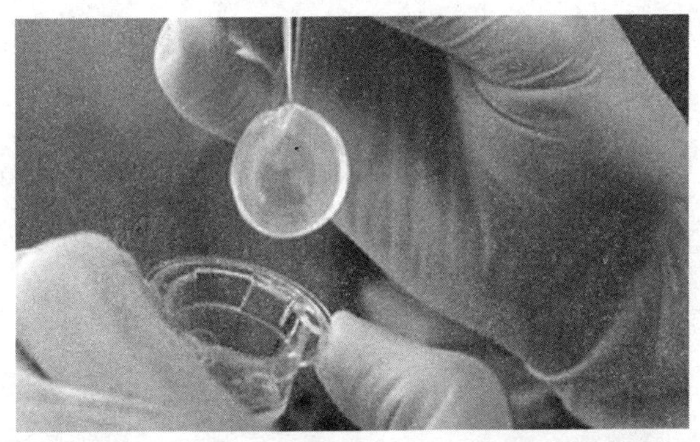

我们在电视里经常会看到这样的场景，因为主角眼睛失明，所以深爱主角的人在濒死时要求将角膜移植，让失明的人重新看看世界。这样的

故事固然很感动，但是因为角膜的需求量和供给量完全供不应求，使得很多患者还是无法通过移植角膜的方式重见光明。那么有什么办法可以改变这样的现状呢？

2010年，据国外媒体报道，加拿大和瑞典研究人员使用人造眼角膜成功使一些眼疾病人恢复视力，避免了致盲的危险。这些病人的治疗效果与接受眼角膜捐赠的效果几乎相同。这一突破性进展将给上百万盲人带来复明的希望。

人造角膜的成功，给千千万万失明的患者带去了福音。过去因为病人的排异反应使得即使获得了角膜移植的人也无法回归正常人的生活，而人造角膜却可以解决这样的问题。

加拿大渥太华医院研究所研究员梅·格里菲思和瑞典林雪平大学眼科学教授佩尔·法格霍尔姆领导的一个研究小组潜心研究十多年，使用患者本人身体组织和胶原蛋白在实验室中培植出胶体合成物，然后将其塑成角膜形状，用以代替病人眼中受损的角膜组织。残存的健康细胞和神经会逐渐包裹并吸收这一人造角膜，直至完全合为一体。研究人员说，使用人工角膜的病人不仅可以获得与接受角膜捐赠的患者同样的视力，还可以杜绝从死者身上获取角膜捐献可能存在的疾病传染及排异现象带来的风险。

可以想见，在有了人造角膜以后，眼科病人的世界将会重新出现美丽的大自然和自然界缤纷绚烂的多种色彩。

重铸生命循环——人工血管

人类从远古时代走到今天，平均寿命不断增长。对于生命的健康状态和较高的生命质量也有了越来越高的要求。这种高要求的体现便是医疗技术的不断提高和发展。每个人都希望自己可以健健康康地活着，可是各种疾病却成了长寿的最大障碍。比如心脏病和需要血液透析的尿毒症患者，这些病人的血管往往已不能起到原有的作用，此时，人造血管便派上了用场。

人工血管的发展史

人工血管是以尼龙、涤纶、聚四氟乙烯等合成材料人工制造的血管代用品，它是可以替代病变血管的管形植入物，适用于全身各处的血管转流术。近年来人工血管绝大多数采取医用高分子材料进行编织。据英国广播公司报道，美国《循环研究》杂志报道说，哈佛大学科学家已成功利用人类细胞在老鼠体内培育出新血管，这在历史上还是第一次。他们表示，这将最终为心脏病患者带来福音。在发育过程中，从血液和骨髓中提取的祖细胞形成血管细胞衬里以及周围的衬里。一名英国专家说，哈佛大学的研究具有很大的发展前景，将最终让实验室培育器官移植成为一种可能。这项实验使病人身体对于人造血管的排异反应的可能性降到最低。

我国对于人工血管的研究起步较晚，在 50 年代末 60 年代初，才开始

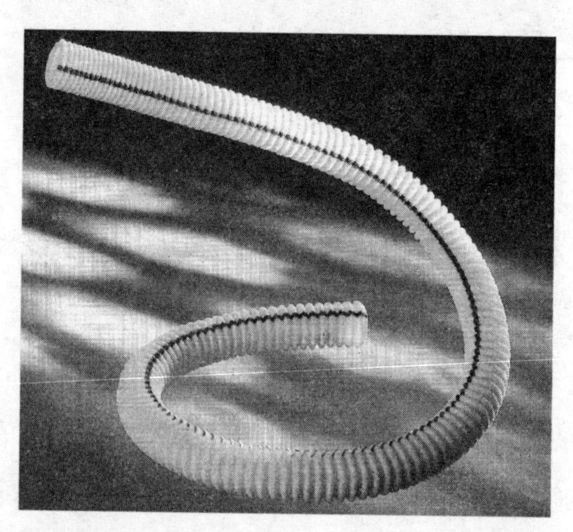

进行。起初是用尼龙织成,后因尼龙降解,在生物体内植入后发生破裂而被淘汰。现在多采用涤纶纤维编织人工血管,已大量应用于临床,如治疗主动脉瘤,主动脉狭窄,上下腔静脉切除更换术等,最长可达 37 厘米。目前用高分子材料由机器编织的人工血管,平织者内径最小为 8 毫米,针织者内径为 3 毫米,再小就比较困难。此外,还有膨体聚四氟乙烯纤维材料织成的人工血管,内径可达 6 毫米。最近国内外报道用弹性聚氨酯制成的人工血管,管壁无孔隙,内壁光滑,可随血压改变而伸缩,内径能达到 4 毫米,此种材料制成的人工血管是很有前途的。此外,还研究用化学方法处理的人脐静脉、牛颈动脉作为人工血管等。

1950 年以来,高分子化学的快速发展,促进了合成高分子材料的研制。因此,在上世纪 50 年代末 60 年代初,采用高分子合成纤维编织的人工血管,经实验研究而用于临床,到目前为止,世界各国已普遍采用。

目前用于制造人造血管的原料有涤纶、聚四氟乙烯、聚氨酯和天然桑蚕丝,织造的方法有针织、编织和机织。织成管状织物后,经后处理加工成为螺旋状的人造血管,可随意弯曲而不致吸瘪。60 年代出现以高分子聚四氟乙烯为原料经注塑而成的直型人造血管,商品名称为考尔坦克斯,已广泛应用于临床。以涤纶或塔氟纶为原料织制的人造血管有茸毛状的管壁。

人工血管的用途

人工血管可以在以下几种疾病的治疗中发挥功效。

(1)动脉疾病:用替代或者架桥(血管旁路手术)的方式来来恢复血液的通路从而来治疗胸主动脉、腹主动脉、骼动脉等血管段。动脉疾病,如动脉栓塞或者动脉瘤。

(2)静脉疾病:可以替代或者架桥(血管旁路手术)的方式来治疗静脉疾病,如布一加氏综合征。

(3)动一静脉瘘:可以运用在慢性肾病的血液透析过程中,在四肢部分连接自身动脉和静脉,形成一条可反复穿刺的血液透析通路。

新型人工血管

而随着科技的不断发展,用来解决旧有血管弊端的新型血管也产生了,比较引人关注的主要有以下三种:

(1)碳涂层血管。

均匀镶嵌于血管内壁的碳原子与血管壁有机的结合成一体,具有良好的生物相容性,与组织无反应。碳涂层微弱的负电荷排斥血小板在管壁的沉积,有效减少血栓形成机会;碳涂层不利于平滑肌细胞生长和播散,减少间质增生,可以显著提高血管开通率。

(2)蛋白或明胶涂层血管。

由于一般合成人工血管的生物相容性尚未达到理想状态,所以可以在这些高分子材料表面接上一层生物材料,以进一步提高其生物相容性,这就是生物混合型人工血管。一般所接的人工涂层包括以下几种:白蛋白，可提高人工血管的抗凝性能；纤维连接蛋白，可促进内膜形成，进而抑制凝血的发生；胶原蛋白，能促进内膜形成，防止凝血发生，还能提高人工血管的顺应性；明胶，有促进细胞黏附和生长的功能，从而在植入后能诱导内膜形成，防止凝血。

(3)袖状血管。

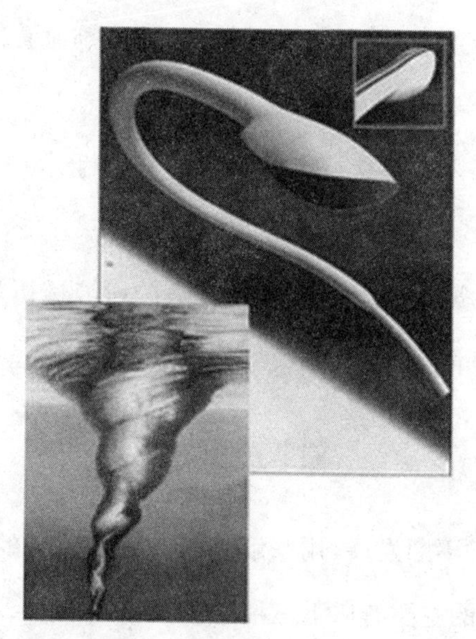

特别的袖状由电脑三维立体模型设计，减少吻合口处内膜增生，显著增加开通率，且内膜附碳涂层，减少血小板沉积。

人造血管的出现为心脏病等疾病的患者带来了福音，在这些医疗新材料的陪伴和帮助下，人类的寿命也会越来越长，而生命质量同样会相应提高。

烫伤新曙光

烫伤后难以治愈的痛

每个人可能都有过被烫的经历，不过烫伤程度却有很大区别。有的只需要拿凉水冲一冲就好，有的却需要到医院加以治疗。烧伤也是如此。如果是严重的烧伤，就需要到医院去进行真皮移植，可是对烧伤患者来说，真皮移植却是痛上加痛——医生需要从他们身体其他部位取下一块完好的皮肤，重新植入烧伤部位。这样一来，已经受伤的患者身上还要平添一处伤疤。

长期以来，人们严重的皮肤缺损创面，只能靠切取自体正常部位的皮肤移植修复，尽管能治愈创面，但在取皮部位却留下了新的创伤，常常导

致疤痕增生，甚至因取皮过深，供皮区难以自愈，形成水疱，反复溃疡，导致“好了旧伤却添新疤”。

完美的皮肤替代品

据介绍，一个大面积严重烧伤的病人，如果其正常皮肤所剩无几，缺乏自体皮源及时封闭创面，常常会引起创面及全身严重的感染等一系列并发症，有可能危及生命。因此，国际医学界一直试图在体外制造一种皮肤代用品，用来更换人体损坏的皮肤组织。

人造皮肤因此应运而生。人造皮肤是利用工程学和细胞生物学的原理和方法，在体外人工研制的皮肤代用品，用来修复、替代缺损的皮肤组织，按成分不同，可分单纯人工真皮和具有表皮细胞层的活性复合皮。人工皮肤由多聚物(一种长链分子)结合其他化学物质——包括从鲨鱼软骨中提取的物质——制造而成。扬尼斯第一个用人造皮肤治疗三度烧伤。

人造皮肤有两层:表层和里层。表层是由一种硅橡胶薄膜制成了，能阻挡细菌的进攻。里层是一种特殊的培养基，能帮助受伤的皮肤生长。

人造皮肤不仅能使人不受到污物或细菌的侵袭，也能保持人体内的水分不致逃逸。当大面积的皮肤受到严重的烧伤或损害，医生必须立即输入液体并保护伤口，如果仅是皮肤的浅层受损，新皮肤会再生。如果病人受到了严重的烧伤，皮肤就不能靠自己修复，通常须将身体其他部位的表层皮肤移植到伤口上。制造合成皮肤先从一块真皮开始，由此生长出更大面积的皮肤。皮肤是人体的重要器官之一，在60天内可完全更新一次。

今天，人造皮肤用于皮肤移植的第一期治疗。人造皮肤能保护伤口免受感染，并促进结缔组织的生长。此时，人体的免疫系统会逐渐分解多聚物，一旦病人自己的表层皮肤被植上以后，伤口会很快愈合。

一波三折的人造皮肤研究

神奇的人造皮肤有如此强大的功能和作用，它的研发历程也经历了很多波折。起初，医学家到处寻找代替皮肤的材料，先是从别人身上取下的皮肤，再是胎盘上的薄膜，结果都很少能成功，不出几天，都会被身体里的保卫系统一一销蚀掉。1981 年，一位名叫波克的医学家，想出了个好主意：制造人造皮肤。到目前为止，许多科学家已从生物高分子材料或合成高分子材料中制造出了一二十种人造皮肤。他们把这些材料纺织成带微细孔眼的皮片，上面还盖着一层层薄薄的、模仿“表皮”的制品。

20 世纪 80 年代后，有科学家先后研制出多种人工真皮，如来源于异体或异种(猪)皮的无细胞真皮基质、以胶原为主要原料经冷冻干燥后形成的海绵状胶原膜，此外，还有透明质酸膜、聚乳酸膜等，其基本特点是可诱导自体的组织细胞浸润生长，形成新的、结构规则的真皮样组织，从而重建真皮层。

20 世纪 90 年代以来，医学界已成功将复合皮用于大面积深度烧伤创面的修复，节省了伤者自体皮源，提高了就治率。但是，由于复合皮制作费用十分昂贵，移植后存活率只有 50%左右，因此，在临床上的广泛使用有待时日。

而现在，越来越多的关于人造皮肤的研究正在进行，人造皮肤的材料因此得以丰富。

多样的人造皮肤材料

由美国宇航局科学家研制的一种新型人造皮肤采用垂直碳纳米管层

排列在整容手术所使用的橡胶聚合物上，就像是植入一块皮肤一样，碳纳米管通过金丝的串接固定在一起。这些碳纳米管分布在橡胶状的聚合物上，这种结合橡胶聚合物和碳纳米管的人造皮肤能够将接触表面的热量传递至传感器网络，就如同皮肤能够及时获取该信息一样。碳纳米管提高聚合物上的压电感应后，传感器能够向机器人大脑产生一种信号。这种能够产生压觉和温觉的机器人皮肤能够探测和人类皮肤同步探测到各种事物。用于电路和半导体中的晶体管成为基于碳原子链的“皮肤器官原料”，这样机器人能够像人类一样具有触觉。

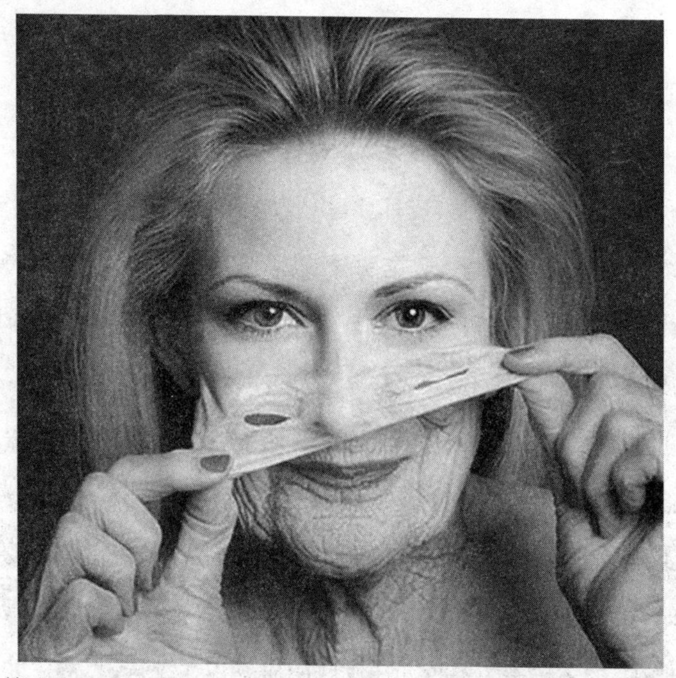

尽管人造手在行动和灵活度上日益逼真，但是几乎所有的人造皮肤仍然停留在无感知的塑料涂层水平上，美国橡树岭国家实验室纳米材料合成和属性小组的高级研究科学家约翰·西姆普森博士说：“通过运用碳纳米管技术，我们造出的人造皮肤不但可以接近真实皮肤特性，甚至可以

超越这些特性。”

而浙江大学动物科学学院副教授闵思佳则发明了蚕丝人造皮肤，它是由科研人员提取蚕丝中的蛋白质生产而成，这种人造皮肤就像用蚕丝做成的服装面料一样，具有丝绸般的光滑平整和柔韧特性。而且，与目前治疗大面积损伤时最常用的猪皮材料相比，它安全性更高。

这种新型的人造皮肤，乍一看像馄饨皮的人造皮肤，用手拉拉却韧性十足。将其从冰箱取出，自然解冻，消毒浸泡，贴在创伤皮肤表面，半个月左右创伤就会慢慢愈合。为验证其功效，科研人员曾选取了 15 只大白兔分 5 批进行动物试验，结果发现，贴上人造皮肤后，兔子身上直径 3 厘米的创口不到 20 天就得以愈合。

从事细胞疗法研究的 Intercyte 集团则研制出一种名为 ICX－SKN 的人造皮肤，这种皮肤在 28 天后可完全与人体结合，封闭并愈合伤口。在初步的临床实验中，由于质地逼真，耐久性好，人造皮肤移植取得突破性成功。ICX－SKN 是由自体皮肤细胞产生的一种基质，即结缔组织细胞构成的。结缔组织细胞能在天然皮肤中形成骨胶原。这些结缔组织细胞可构成类似于真实皮肤的组织结构。

不过目前的实验只涉及小面积局部皮肤移植，对于大面积烧伤患者的移植效果尚属未知。

“中国制造”的成就

我国第四军医大学的研究人员则尝试白鼠体上移植的人造皮肤。他们从新生或出生前的试验鼠身上取出少量皮肤组织，采用灭菌、消化、分离、培养等手段，获得了足够的细胞数量后，再用组织工程的办法将其重新组合，成功地研制出具有表皮组织和结缔组织的皮肤。这个过程用一个形象的比喻就是在器皿中“种皮肤”。试验人员将这些人造皮肤移植到白鼠身上，经过观察发现，人造皮肤不仅具有正常皮肤的部分功能，而且具有良好的修复皮肤创伤的作用，到目前为止并未发现有免疫排斥反应。可以说，目前人造“鼠皮”已研制成功。当然，这种皮肤与真正的皮肤还有差距，比如说没有汗腺和毛发等附属物。

这项技术的先进性在于，国内目前的人造皮肤研究仅能进行表皮的复制，第四军医大学则发展出带有结缔组织第二层的皮肤，这种技术目前在国外只有美国掌握，在国内四军医大是第一家。

多种多样人造皮肤的研究和出现，无疑为烧伤患者提供了福音。将来立志学医的同学不妨尝试未来在人造皮肤领域做出一番努力。

牙齿也可以种出来

有句俗语叫做:牙疼不是病,疼起来要人命。山珍海味、美味佳肴的饕餮享受,都需要我们的牙齿作为消化系统的第一道门槛来把关。牙好胃口就好,我们固然希望“冷热酸甜想吃就吃”,可是如果牙不好的话,那么吃什么都没有胃口了。

传统的治牙无非是在修修补补中进行,如果实在修补不起,只能忍痛割爱,将牙齿拔出再镶上一颗陶瓷或者其他材料制成的假牙了。但是这种迫不得已的法子对牙齿的损害不小,终归不是十全之策,如果能够让坏掉的牙齿拔掉重新长出那该有多好!这种情况并非不能实现,如今这种设想让我们注意到牙种植体这种医学上的新材料。

牙种植体的主要组成

牙种植体又称为口腔种植体,还称为人工牙根。如果患者仅是单个牙齿受损或因患疾而非拔去不可,但齿床仍完好,那么可以把人工材料的牙根种植在人的齿槽骨上使之与组成相适应。聚甲基丙烯酸甲酯和聚砜都可用来制作人工齿根,它们与牙床肉黏附性良好,没有感染,也能在齿槽骨内牢固形成相关连的组织。通过外科手术的方式将其植入人体缺牙部位的上下颌骨内,待其手术伤口愈合后,在其上部安装修复假牙的装置。

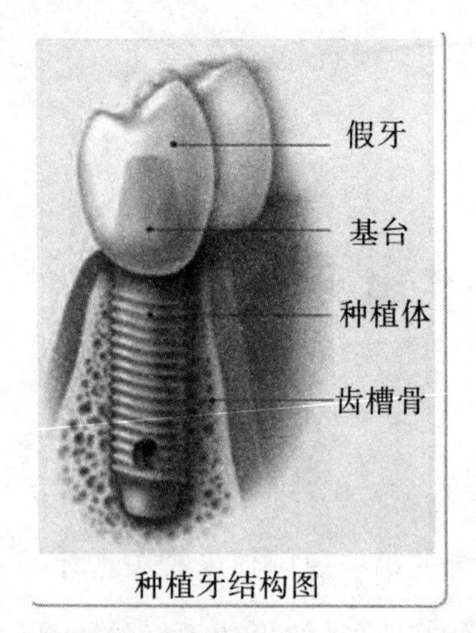

种植牙结构图

牙种植体由体部(即种植义齿植入人体组织的部分)、颈部、基桩或基台部组成。

所谓体部是种植体植入人体组织内的部分。按其植入部位又分为:A. 植入粘骨膜,B. 植入软组织内。而颈部则是连接体部与基桩或基台的部分。基桩或基台指牙种植体暴露于粘膜外的部分,为其上部结构的人工义齿提供支持、固位和稳定作用。

口腔种植体按其材料不同,分为金属与合金材料类:包括金、316L 不锈钢(铁—铬—镍合金)、铸造钴铬钼合金、钛及合金等。陶瓷材料类:包括生物惰性陶瓷、生物活性陶瓷、生物降解性陶瓷等。碳素材料类:包括玻璃碳、低温各向同性碳等。高分子材料类:包括丙烯酸酯类、聚四氟乙烯类、聚枫等。复合材料类,即以上两种或两种以上材料的复合,如金属表面喷涂陶瓷等。

目前口腔种植体常用的材料主要是纯钛及钛合金,生物活性陶瓷以及一些复合材料。

口腔种植体按种植方式和植入部位分为:骨内种植体,种植体位于颌骨内;骨膜下种植体,种植体位于粘骨膜下的骨面上;根管内种植体:种植体位于经根管治疗的根管内，穿骨种植，种植体从下颌骨下缘植入颌骨，传出牙槽脊顶粘骨膜。

牙种植体的类型

牙种植体的类型有三种，他们分别是：

1. 骨结合式种植体。

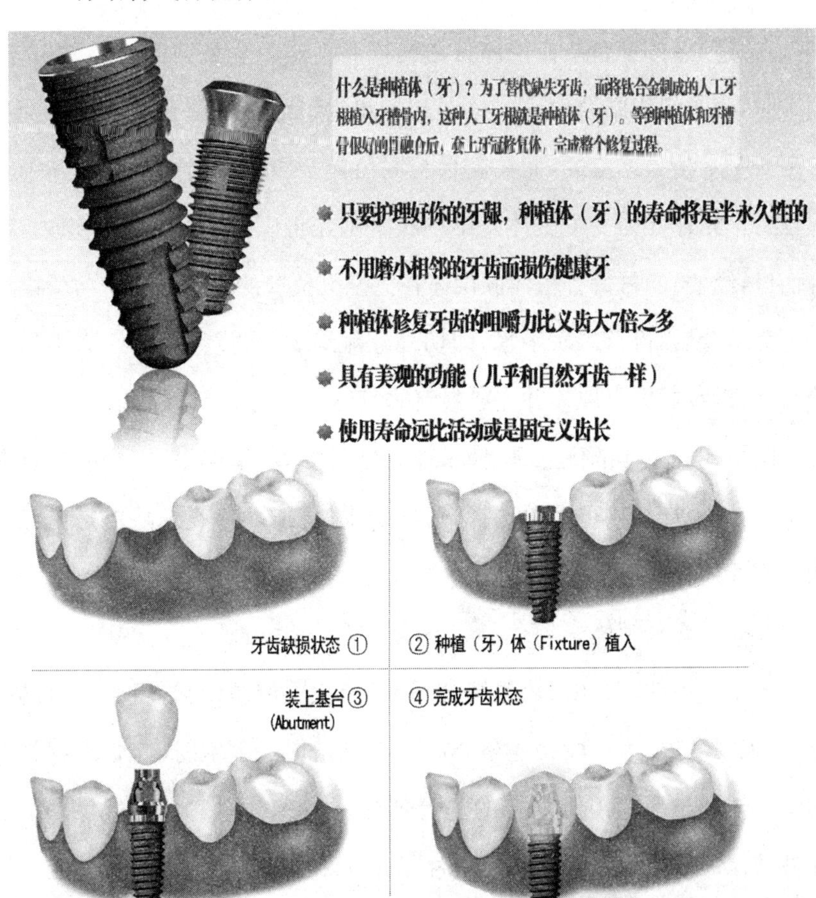

60年代末期，由瑞典布恩马克教授创制的二期式钛种植体系列，首先证实并提出了骨结合的理论。他提出的骨结合式种植体概念，是指在

人体活的骨组织与钛种植体之间发生的牢固、持久而直接的结合，即负载力量的种植体的表面与有活力的骨组织之间存在结构上和功能上直接的联系，种植体与骨组织之间没有任何结缔组织存在，不间隔任何组织。

纯钛种植体因其很好的理化性能和对人体良好的生物相容性，能与人体骨组织发生骨结合，故常被称为“骨结合式钛种植体”。

2. 两段式种植体。

这是种植体基台与固位体分为两段而不是一个整体的一类种植体。手术时，与骨组织结合的固位体和与牙龈组织结合的基台是前后分别进行两次手术植入完成的，而在基台与固位体两段之间是通过种植体中心螺丝将其相连成为一个整体。第一次手术先将固位体植入骨组织内，缝合伤口，经 4～6 月待种植体固位体在完全无负载的休息状态下与骨组织产生骨结合后，再行二次手术，即切开牙龈组织，通过种植体中心螺丝连接基台，拆线后即可取模并完成最终修复体。

两段式种植体的优点是，种植体骨结合好，不易感染，义齿的修复方式多样，其上部结构可多种选择，远期效果好，成功率高。缺点是需经两次手术才能完成。

3. 一段式种植体。

这是种植体基台（与牙龈结合的部分）与固位体（与骨组织结合的部分，即人工牙根）为一段相连整体的一类种植体。手术时，与骨组织结合的固位体和与牙龈组织结合的基台部分，作为整体一次手术植入完成。在种植体固位体植入骨组织的同时，基台直接穿出牙龈，暴露于口腔。拆线后即可配戴暂时义齿，待 4～6 周种植体稳定后，即取模并完成最终修复体。

一段式种植体的优点是，只需一次手术便可完成。但由于基台直接暴露在口腔，基台易受外力的影响而产生动度，很难保证种植体固位体一定时间内在完全无负载的休息状态下与骨组织结合，并且一旦发生感染后容易通过牙周下行直接影响到骨组织，不利于种植体与骨组织界面及牙龈组织界面的愈合，所以其效果不如两段式种植体的成功率高。

当然，对于牙周疾病的预防最主要的还是保持良好的口腔卫生，坚持早晚刷牙，使用正确的刷牙方法，这样，才能最大限度避免口腔疾病的发生。

看我七十二变

塑造完美面孔的新技术

娱乐八卦杂志经常会对某某明星是否整过容异常关注，而我们的日常生活中也对谈论整容前后的明星津津乐道。为了满足大众的审美，荧屏上的明星们都希望自己的眼睛能再大一些，鼻梁再挺一些，下巴再尖一点。而现代整容技术，则圆了很多人的美女帅哥梦。

整容是通过外科手术对其外貌进行修改，整容通常指脸部整形，包括割双眼皮、埝下巴、隆鼻、嫩唇、造酒窝、矫正牙齿、除皱、除痘、种睫毛、脱毛等。一般需要经过开刀类手术的才算整容。

每个人都想拥有一副完美的面孔，但因为基因的因素，并不是所有人都可以长得符合大众的审美观或达到自己的要求，因而随着现代医学技术的进步，医学整容开始风靡，越来越多的人参与其中。但是，对于医学整容，潜在性的风险也是巨大的，再小的手术都会有创伤，有创伤就会有风险。当然这并不意味着不能整容，正规医院和机构对于患者的保障会更多一些，而且我们一定要记住，医学整容次数不能太多。有的人以为，一次做不好可以再修改，直到满意为止。其实大部分失败手术造成的后果是很难补救的。比如，一些没有医学美容资格的单位进行的注射隆胸手术，注射材料进入人体之后，就分散在各处，如果不按医疗规范操作，引起感染，再要全部取出是很困难的，即使尽最大努力，也只能取出80%～90%，严重的患者甚至需要切除乳房。以下是一定要记住的东方人整容极限数据：抽脂，一次最多只能抽3000毫升；隆鼻，最多只能垫高4厘米；丰胸，每侧最多增加330毫升；割双眼皮，最多只能割10厘米。

整容有风险，手术须谨慎

整容不会保证保持一辈子。由于人的各个年龄阶段的生理指标不一样，比如，某个年龄阶段，人的皮肤光泽，皮肤松弛程度不一样，都会让整形器官的外形发生变化，而且随着年龄变化，整形所带来的疤痕会逐渐显现出来。所以，保持一辈子的梦想不可能成真。为了这不能长久的美丽而不惜砸锅卖铁的人一定要端正自己的心态。整形美容的手术费用是一笔不小的开支，有的人为此非常痛苦，其实人最重要的是生命，如果疾病危及生命，应该尽全力治疗。对整形美容手术就不必如此执著，做不起整形美容手术，未必就不能美丽。

整形之术源远流长

整形外科虽然是一个新兴专业，只有近百年的历史，但整复体表缺陷的手术可追溯到古代。例如公元前中国晋书上就有唇裂的记载，公元前6～7世纪印度即有鼻再造与耳垂修复的记载。19世纪从事整形外科手术者日益增多，范围不断扩大，特别是皮片移植的出现及许多有关整形手术的著作问世，对整形外科向专业发展起到了推动作用。20世纪初期在治疗一战中颌面部损伤患者发挥了重要作用。

中国整形外科作为一门学科开始于40年代末期50年代初，一些医学院纷纷成立整形外科，设置专科病床，收治各种类型的整形外科病人，中国整形外科与烧伤专业已于1982年正式成立了专业组，1985年整形外科学会正式成立。

整形外科学的治疗范围主要是皮肤、肌肉及骨骼等创伤、疾病、先天性或后天性组织或器官的缺陷与畸形。治疗包括修复与再造两个内容，以手术方法进行自体的各种组织移植，也可采用异体、异种组织或组织代用品来修复各种原因所造成的组织缺损或畸形，以改善或恢复生理功能和外貌。

整形外科医学的分类

整形外科医学分类可分为十大类：颅颌面外科、烧伤整形、手外科、显微外科、美容整形外科、骨外科、私处修复科、美容牙科、疤痕整形（针对疤痕的问题进行的修复以达到美化的效果）、毛发整形。整形外科是最年轻的医学外科分支，爱美的人固然要找整形外科，就是一般人也可能和整形外科扯上关系，因为它包含的范围很广，小到点痣、去疤，大到断手断脚的显微重接手术，都属于整形外科的领域。

而对于整容手术来说，最常见的是一下几种：

(1)颧骨整形：颧骨整形手术要进行常规拍摄面部正侧位照片，以备术后对比和疗效评定，有条件的可以做三维头颅 CT。拍摄上颌骨 X 射线片了解上颌窦发育程度。个别病例应取面模，准确测量颧骨需要削除的骨量。颧骨整形手术运用专业磨骨器械，带有自动保护装置和冷光源系统，使得手术可以在口内 3 厘米的小切口内对骨骼进行磨除，达到塑造颧骨形态的日的。

磨颧骨手术通常是把皮肤切开把骨骼磨下来或者是推进去，这时特别要注意不能损伤周围的神经。做颧骨手术之前，要做多种能正确分析和测量脸的形态及颧骨突出程度的检查。

(2)下颌角磨削：下颌角整容手术过程：下颌角磨削手术采用静脉复合麻醉的方式，手术完全在无痛中进行。微创口内切口，彻底避免外部皮肤遗留疤痕问题。对多余下颌骨内、外两层全部切除，再对余下颌骨外板的边缘继续打磨变薄，对于各种严重的下颌骨宽大问题都能从根本上予以解决。并根据需要祛咬肌、颊脂垫，在保证安全的前提下使侧面弧度流畅，形成真正的“瓜子脸”。

(3)爱贝芙注射除皱：爱贝芙中 20%质量的 PMMA 微球具有不同寻常的表面光滑度，被注射到真皮深部后不会被吞噬细胞吞噬，也不会被降解，而是持久的存在于整形部位刺激自身的胶原蛋白再生，并能保持胶原蛋白的动态平衡，起到永久性的皱纹修复和组织填充作用。80%质量的胶原溶液是一种载体物质，它可以防止微球在组织蔓延聚集成块，同时在注射的前三个月中作为填充物质，起到暂时性的皱纹修复和组织填充作用。

(4)眼部整形:眼部整形美容手术包括上下眼睑、眼眉等部位的美容整形,主要手术项目为:双眼皮手术(单眼皮变双眼皮)、祛眼袋、眼睑松垂矫正、先天性上睑下垂矫正、内眦赘皮矫正(开内眼角)、小眼开大、睑内外翻矫正、眼窝再造等。

眼部整形是整形美容中最常见的手术之一,以双眼皮手术(重睑术)和祛眼袋最常见。重睑术可分为缝线法、埋线法和切开法;祛眼袋手术可分为内切法和外切法。眼部手术能使细小的眼睛变大,睫毛变长并翘起,臃肿的上眼皮变薄,从而达到眼睛美容的效果,使您的眼睛看起来更加明快、生动、传神。

(5)眉部整形:眉部整形包括提眉术、切眉术、植眉术等。

对于眉形不佳、文眉过宽、过深、色不正、上睑皮肤下垂松弛、眉周皱纹及眼角鱼尾纹等均可通过提眉术来纠正,使面部增强气质及魅力,更显得年轻。

(6)鼻整形术:就是通过手术来重新塑形鼻子,是整形美容外科中最常见的手术之一。鼻整形术能够增加或缩小鼻子的大小;改变鼻背或鼻尖的形状;缩小鼻孔和改变鼻子与上唇的角度等,鼻整形术也能矫正某些先天性或外伤后的畸形。

在手术中,医生将把鼻子的皮肤从其下面的鼻骨和鼻软骨上掀起来,然后根据你的要求和医生技术对鼻骨和鼻软骨做雕刻,或者直接植入已经雕刻好的鼻支架,以达到你所期望的效果。最后将皮肤重新缝合到原位。大多数整形美容外科医生做鼻整形术时,喜欢在鼻孔内做切口,这样在术后就不会留有瘢痕。但有些较复杂的手术往往需要在鼻小柱上做一个切口,这样在术后就会在鼻小柱上留下一个不明显的瘢痕。

(7)去皱整容:专业面部去皱整容前应停止吸烟、停用阿司匹林和某些会引起出血增加的抗炎药物，医师还可能有其他一些指示。专业面部除皱整容在门诊或住院施行。如在门诊施行时，要安排有人接送，专业面部去皱整容术后第一个晚上要有人陪伴。去皱整容一般在医院手术室进行，应用全身麻醉，整个专业面部除皱整容过程处于睡眠状态。专业面部除皱整容结束后在恢复室应用一些仪器来监测心脏、血压和脉搏。专业面部去皱整容手术也可在局部麻醉下进行，这时神智是清楚的，专业面部除皱整容后就可以回家。

(8)隆胸术：胸部整形美容手术已有上百年历史，随着社会的进步，审美观念的变化，近年来要求对胸部进行整形美容手术的人越来越多，不少人期望能通过手术改善原来的体态，使肥大的胸部变小、小胸部变大、再造一个胸部、改变胸部形状等。

而最常见的是隆胸术，它又分为自体脂肪隆胸和假体隆胸。假体隆胸的切口有腋窝切口、乳晕边缘切口及乳房下皱襞切口。乳晕边缘切口和腋下切口都很隐蔽，术后几乎看不到切口疤痕，成为隆胸女性最常用的两种切口。自体脂肪隆胸则是一种通过抽取腰腹部的脂肪，注射到乳房内来增大胸部的手术方法。

(9)吸脂术：吸脂手术是利用吸脂仪(可分为电子、超声波、共振、电动和注射器等种类)和真空吸力，将体内个别部位的脂肪抽除，在某些情形下，吸脂可能会在超声波的辅助下进行，以提高效率。吸脂后的脂肪层会变成隧道般的空洞，而残余的脂肪组织会变得平坦，脂肪细胞的数目也会减少，且不会再增加。

引起肥胖的因素包括遗传、内分泌、饮食习惯等，即便严格控制饮食进行健美锻炼，局部脂肪代谢障碍仍然存在，稍微的松解就会反弹。吸脂减肥去掉一个脂肪细胞就等于去掉一份反弹成因，故此认为抽脂术是永久性的减肥方法。

常见的吸脂部位：脂肪易堆积的部位，如上腹部、下腹部、腰部、臀上部、臀下部、大腿、小腿、面颊部、颌下部、上臂等。

整容的担忧

当然，无论整形技术多么发达，还是有许多人不适合做整形手术，比如过敏体质和疤痕体质的人。整形医生不是上帝，也没有哈利·波特的魔杖，手术的效果如何有时甚至医生本人都无法预料。而在手术恢复的过程中，在忙于应付胶带和淤血时，一些患者还会遭受"创伤后应激障碍"的折磨。"手术之后，有的病人会不适应自己的新身体或新面孔。最要命的是，暂时的肿块或淤血会使有些病人面目全非，他们要么担心这些症状永不会消除，要么懊悔做了一个非常错误的决定。"某位整形医生这样说。在做了面部整容手术之后，除了必须忍受疤痕带来的问题以外，有的人需要做修补手术来完善第一次手术的效果，还有人要做修复手术来挽回庸医的过失。

整容并非"一劳永逸"，韩国媒体就报道现在已经有许多做过整形手术的明星叱咤风云十年后受到各种各样并发症的困扰。我们呼吁大家理性看待整容手术，天生的面容不一定符合所有人的审美，但自己通过不断充实自身，练就别样的气质，散发个人魅力，也同样会很美。因为每个人都是独一无二的，内在美更能打动别人。吕燕是中国人眼中的丑女，但却成了国际名模。茱莉亚·罗伯茨有着常人无法接受的大嘴，但却格外性感动人。这些不美的地方反倒成为她们的特色。因此我们不必一味追求医学上的最完美，而应该寻找自己的美丽，因为，"你本来就很美"。

细数能源新材料

现代社会是一个能源至上的社会，能源是否充足决定着一个国家的强弱、贫富以及在国际上的话语权。想一想没有能源的可怕，那已经不再是现代人所能接受的后果了。难道，你还能期望大家接受回到点油灯、用柴火、一切工作劳动都靠人力的日子？而能源的开发利用不得不依靠能源材料的推陈出新。

并不陌生的能源材料

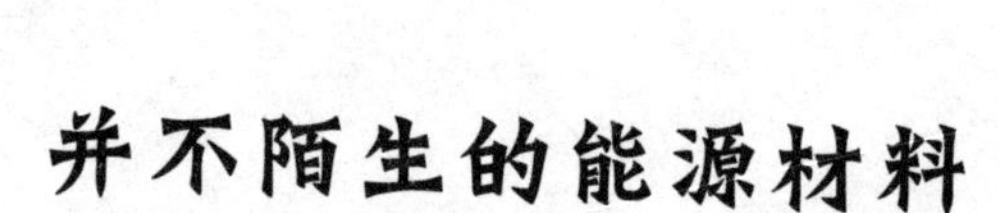

能源是生活中必不可少的一部分

潺潺流水，灿灿千阳，大自然的诗情画意，让我们流连忘返。诗情画意的背后，更是大自然赠与我们幸福的源泉——丰富的能源。自古人学会生火取暖做饭开始，我们就无时无刻不在享受着能源带给我们的便利，随着科技的发展，对能源的依赖越来越甚。现代的人们用天然气做饭，

驾驶燃油动力汽车，游逛在灯火通明的城市，使用电子设备通信，可以说，能源就是我们生活的基础，也是我们提升生活品质的客观条件。

能源也有常规能源(即传统能源)与新能源之分。常规能源因为使用广泛、技术成熟而被人们熟知，常见的主要有石油、煤、电能(包括水电和火电)、天然气、核裂变能这几种。这些能源除水能发电外都是历经千万

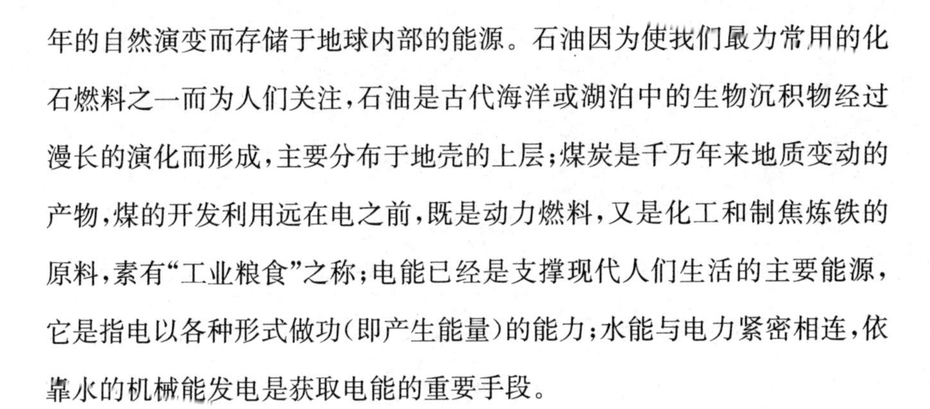
年的自然演变而存储于地球内部的能源。石油因为使我们最为常用的化石燃料之一而为人们关注，石油是古代海洋或湖泊中的生物沉积物经过漫长的演化而形成，主要分布于地壳的上层；煤炭是千万年来地质变动的产物，煤的开发利用远在电之前，既是动力燃料，又是化工和制焦炼铁的原料，素有“工业粮食”之称；电能已经是支撑现代人们生活的主要能源，它是指电以各种形式做功（即产生能量）的能力；水能与电力紧密相连，依靠水的机械能发电是获取电能的重要手段。

新能源横空出世

这些我们天天使用，犹如空气一般已经习以为常的能源，可以让我们人类高枕无忧地使用直至永远吗？显然不是的。在世界能源消费水平不断增长的今天，能源危机也越来越严重。石油储备量不断减少，可开发煤层也在不断的消失……储备量的减少缺丝毫没有阻断人们使用能源的脚步，每年世界能源消费水平都在增长，这使得现有能源与人类需求之间的矛盾越来越尖锐。不仅如此，使用矿石能源等而引发的环境污染和环境破坏，导致我们的生存环境不断遭到破坏，“雾都”早已不是伦敦独享的称谓。因为能源枯竭而引起的城市衰竭，因为能源引起的政治经济风波，因为能源而引发的国家地区间的纠纷甚至战争，如此种种，不胜枚举。

当人们发现这些越来越急迫的能源问题时，便开始了我们的“自救之旅”。其实，我们地球上可以利用的能源无穷无尽，太阳每天都在照射着地球，它所产生的光能足够我们人类的使用，可是现成的能源有了，如何利用却成了难题，这要靠科学技术的不断进步来努力实现。面对地球上丰富的矿藏，科学家们在不懈的努力，地热能、风能、海洋能、核聚变能等等新能源被科学家开发了出来，这些刚刚开发利用或是正在积极研究、有待推广的能源可能解决我们能源不足的问题，也在一定程度上解决我们能源污染问题。这些新近开发出来的能源就是新能源了。新能源的各种形式都是直接或者间接地来自于太阳或地球内部伸出所产生的热能。包括了太阳能、风能、生物质能、地热能、核聚变能、水能和海洋能以及由可再生能源衍生出来的生物燃料和氢所产生的能量。也可以说，新能源包括各种可再生能源和核能。相对于传统能源，新能源普遍具有污染少、储量大的特点，对于解决当今世界严重的环境污染问题和资源(特别是化石能源)枯竭问题具有重要意义。同时，由于很多新能源分布均匀，对于解决由能源引发的战争也有着重要意义。

用于这些新能源开发利用的材料统称为新能源材料。新能源材料是对诸如煤炭等非可再生资源节约利用的一种新的科技理念。这些新能源材料让新能源不再成为高高在上的神话，它让新能源的转化更为高效、更为廉价，它也使得我们原来早就使用已久的能源转化为新能源。

尽快开发利用新能源，是解除人们后顾之忧的做法，新能源技术一旦完善，新能源材料为新能源的开发利用铺平道路，让新能源进入了千家万户，我们才真正可以有备无患地奔向未来呢！

以小搏大威力强

无论人人还是小朋友，当听到核裂变或者核能量时，都会不自然的想起威力无穷的核武器：一朵巨大的蘑菇云直戳云端，一声巨响，方圆数百里鸟虫绝迹。核武器是科学家们根据爱因斯坦的理论利用一种叫做铀235的物质而制造出来的。

核裂变能量的破坏力固然巨大，但任何事物都有两面性，只要妥善同样是可以造福于人类的。建设核电站进行核能发电，核裂变能就成了我们获得电能的一种绝佳方式。而能帮助核能造福人类的则是这些核能材料了。核能材料是支撑核能制造和利用的基础，核燃料又是核能材料中的主要材料，下面就让我来了解一下核燃料吧。

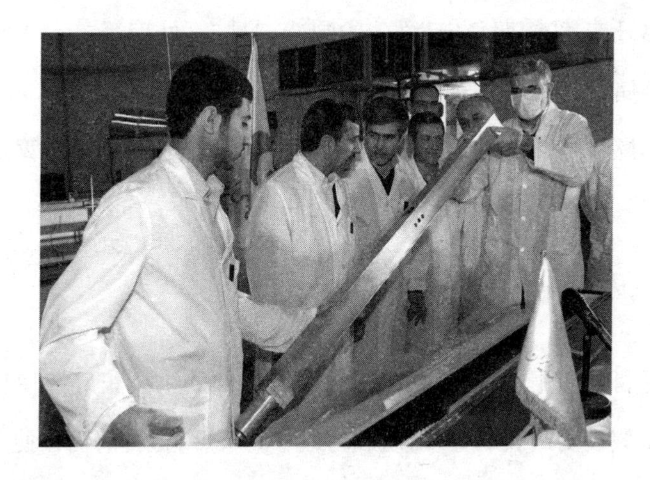

核能量的获取

核能量的获取是通过核燃料在核反应堆中“燃烧”产生的，这种“燃烧”也就是核裂变或者核聚变。重核的裂变和轻核的聚变是获得实用铀棒核能的两种主要方式。核燃料一方面要在核素组成方面满足核反应的要求，另一方面应具备符合反应堆要求的具体形状，如圆柱形、板状、颗粒状等。

铀235、铀233和钚239是能发生核裂变的核燃料，又称裂变核燃料。其中铀235存在于自然界，而铀233、钚239则是钍232和铀238吸收中子后分别形成的人工核素。氘和氚是能发生核聚变的核燃料，又称聚变核燃料。氘存在于自然界，氚是锂6吸收中子后形成的人工核素。可不要小瞧核燃料的威力，核燃料在核反应堆中“燃烧”产生的能量远远大于化石燃料，1千克铀235完全裂变时产生的能量约相当于燃烧2500吨煤！

核燃料家族包含多种类型，但是由于核反应的特殊性，对于材料也有些要求：①与包壳材料相容，与冷却剂无强烈的化学作用；②具有较高的熔点和热导率；③辐照稳定性好；④制造容易，再处理简单。常使用的核燃料有金属（包括合金）材料、陶瓷燃料、弥散体燃料和流体（液态）燃料等。金属燃料是以金属元素作为核燃料，金属燃料中，铀可以算是其中的明星。

金属燃料

铀是目前使用最为普遍的核燃料，天然铀的浓度正好能使核反应堆实现自持核裂变链式反应，因而成为最早的核燃料，目前仍在使用。开始人们对于铀可能并不了解，可能也并不知道这种燃料到底长得是什么样子，但是当原子弹在日本上空爆出了巨人的蘑菇云时，铀这个名字就注定会众人皆知了。但是金属铀在堆内反应也有些缺点，如在“燃烧”的过程中有同质异晶转变；铀的熔点低；存在尺寸不稳定性，最常见的是核裂变产物使其体积膨胀(称为肿胀)，加工时形成的结构使铀棒在辐照时沿轴向伸长(称为辐照生长)，虽然不伴随体积变化，但伸长量有时可达原长的4倍。此外，辐照还使金属铀的蠕变速度增加(50～100倍)。这些问题通过铀的合金化虽有所改善，但远不如采用UO_2陶瓷燃料为佳。

除了铀之外，常用的金属燃料还有钚(Pu)和钍。钚(Pu)是一种人工易裂变材料，临界质量比铀小，在有水的情况下，650克的钚就可以发生临界事故。钚的熔点很低(640 ℃)，一般都以氧化物与二氧化铀(UO_2)混合使用。钚与铀组合可以实现快中子增殖，因而使钚成为着重研究的核燃料。钍吸收中子后可以转换为易裂变的铀，它在地壳中的储量很丰富，所能提供的能量大约相当于铀、煤和石油全部储量的总和。钍的熔点较高，直至1400 ℃才发生相变，且相变前后均为各向同性结构，所以辐照稳定性较好，这是它优于铀、钚之处。钍在使用中的主要限制为辐照下蠕变强度很低，一般以氧化物或碳化物的形式使用。在热中子反应堆中利用铀一钍循环可得到接近于1的转换比，从而实现“近似增殖”。但这种循环比较复杂，后处理也比较困难，因此尚未获得广泛应用。

陶瓷燃料

陶瓷燃料包括的是铀、钚等的氧化物、碳化物和氮化物，其中二氧化铀(UO_2)是最常用的陶瓷燃料。二氧化硅要比单纯的金属铀燃料好用的多，二氧化铀的熔点很高，而且高温的稳定性也好。辐照时二氧化硅燃料芯块内可保留大量裂变气体，所以即使燃耗(指燃耗份额，即消耗的易裂变核素的量占初始装载量的百分比值)达10%尺寸也不会发生明显的变化。它与包壳材料锆或不锈钢之间的相容性很好,与水也几乎没有化学反应,因此普遍用于轻水堆中。但是二氧化硅的热导率较低,核燃料的密度低,限制了反应堆参数进一步提高。在这方面,碳化铀(UC)则具有明显的优越性。UC的热导率比UO_2高几倍,单位体积内的含铀量也高得多。

弥散体材料

弥散体材料是将核燃料弥散地分布在非裂变材料中,弥散体也就是指的弥散分布。在实际应用中,广泛采用是由陶瓷燃料颗粒和金属基体组成的弥散体系,这样可以把陶瓷的高熔点和辐照稳定性与金属的较好的强度、塑性和热导率结合起来。细小的陶瓷燃料颗粒减轻了温差造成的热应力,连续的金属基体又大大减少了裂变产物的外泄。由裂变碎片所引起的辐照损伤基本上集中在燃料颗粒内,而基体主要是处在中子的作用下,所受损伤相对较轻,从而可达到很深的燃耗。这种燃料在研究堆中获得广泛应用。除陶瓷燃料颗粒外,由铀、铝的金属间化合物和铝合金(或铝粉)所组成的体系,效果也较好。在弥散体燃料中使用的必须是浓缩铀。

无论是金属燃料、陶瓷燃料还是弥散体燃料,它们都是属于非均匀反应堆,可以制作成带有包壳的、不同形状的燃料元件。我们在外界所看到的核反应释放的能量大部分也都是使用的这几种材料。还有一种流体燃料,它是应用于均匀反应堆之中。

均匀反应堆的应用

均匀反应堆中,核燃料悬浮或溶解于水、液态金属或熔盐中,从而成为流体燃料(液态燃料)。流体燃料从根本上消除了因辐照造成的尺寸不稳定性,也不会因温度梯度而产生热应力,可以达到很深的燃耗。同时,核燃料的制备和后处理也都大大简化,并且还提供了连续加料和处理的可能性。流体燃料与冷却剂或慢化剂直接接触,所以对放射性安全提出较严的要求,且腐蚀和质量迁移也往往是一个严重问题。目前这种核燃料尚处于实验阶段。

无论是什么样的核燃料,它都是核反应关键的组成材料之一。和平利用和开发核燃料才是正途,在未来发展中,还一定会有更多的新型核燃料出现在人们的视野范围内。

厚积薄发能力大

有些材料当温度降至某一临界温度时，其电阻会完全的消失，这种现象称为超导电性，具有这种现象的材料称为超导材料。超导材料还有另外一种特征：当电阻消失时，磁感应线不能通过超导体，这种现象称为抗磁性。一旦导体没有了电阻，电流流经超导体时就不发生热损耗，电流可以毫无阻力地在导线中形成强大的电流，从而产生超强磁场。

那么究竟这些超导材料的特性怎样用于实践呢？为了能使超导材料更加具有实用性，人们开始探索高温超导的历程。自 1911 年至 1987 年间，超导温度由 4.2 K(0 K＝－273.15 ℃，K 是开尔文温标，起点为绝对零度)不断刷新上升至 53 K，1987 年 2 月 15 日，发现了 98 K 超导体。高温超导技术取得了巨大突破，使超导体走向大规模应用。

磁悬浮列车

去过上海浦东机场的朋友都知道，那里有一条磁悬浮列车直通机场和市中心。上海磁悬浮列车是世界第一条实际商业运营的磁悬浮列车，从浦东龙阳路站到浦东国际机场，三十多公里只需 6～7 分钟。一条几乎笔直的道路，达到 430 千米/小时的速度，不可谓不是风驰电掣，被称为“陆地飞机”。

这个磁悬浮列车就是运用了电磁同级相斥的理论，用磁力令列车漂浮在轨道上并应用电磁相异吸引推进的原理来做动力前进的。而这个磁场的产生除了有大量的永磁磁铁外，主要运用了超导技术产生的磁力做悬浮和推进。

目前，经过我国上海磁悬浮列车的实际运营已经验证，超导技术应用于磁悬浮列车在技术上是可行的，但是在经济上是不划算的，因为维持超导现象需要的低温环境需要消耗大量的资金而且整个系统的维护费用也是一笔不菲的数字。事实上，上海磁悬浮列车一直是在处于巨额亏损的情况下运营。德国和日本经过长期论证后，至今没有启动超导磁悬浮列车的商业运营，这个经济账不划算是主要原因。

利用超导材料的抗磁制造磁悬浮列车是超导材料应用的一个方面。实际，超导材料最诱人的应用便是发电、输电和储能了。

超导蓄电威力强

用超导技术制作大型蓄能电站，也叫超导蓄电池。超导储能电站是利用超导线圈将电网的电磁能直接储存起来，因为超导线圈具有零电阻的特性，所以，大量的电流都可以无损耗的在超导线圈中循环，达到蓄能的作用。一旦需要用电的时候，再将电磁能反向输入电网或其他负载，从而达到与落差蓄能电站一样的蓄能作用，从而收集夜间多余电力供应白天的生产生活用电，达到省电的作用。

超导蓄能电站具有反应速度快、转换效率高、存储量大的优点。不仅可用于降低甚至消除电网的低频功率振荡，还可以调节无功功率和有功功率，对于改善供电品质和提高电网的动态稳定性有巨大的作用。

目前，小型超导蓄能电站已经商品化。据称，一个 30 万人的小型城市，只要有 4 个超导蓄能电站，就可以减少 50％的发电厂。这在能源紧张的今天是非常可观的。

中国科学院电工研究所在国际上首次提出了超导限流——储能系统

的原理，将超导储能与限流器有机地结合起来，开辟了小型超导储能系统新的应用途径。目前正在进行 2.5MJ/1MW 超导储能系统的研究开发工作。

无损耗的超导输电

超导材料蓄电能力强，输电能力也丝毫不逊色。超导输电线和超导变压器可以把电力几乎无损耗地输送给用户，据统计，目前的铜或铝导线输电，约有 15%的电能损耗在输电线上，在中国每年的电力损失达 1000 多亿度，若改为超导输电，节省的电能相当于新建数十个大型发电厂。根据超导电缆绝缘介质的工作温度，电缆可分为室温介质绝缘电缆和低温介质绝缘电缆。

室温介质电缆的主要优点是结构简单，它具有和常规电缆相似的绝缘结构，输送容量比常规电缆大 3 倍以上。室温介质电缆带材工作在液氮温度条件下，电缆的绝缘层则工作在室温条件下，其绝缘的加工和安装也相对简单。同时，绝缘材料的选择具有较大的空间，加工技术比较成熟。相对于低温介质电缆，室温介质电缆具有损耗较大、运行费用较高等缺点。室温介质电缆绝缘加工在电缆低温容器上，电缆整体尺寸较大，通常为单芯电缆。

低温介质绝缘电缆的电绝缘层和超导带均工作在液氮温度下。液氮作为复合电绝缘的一部分起着一定的绝缘作用。相对于室温介质电缆，低温介质绝缘电缆传输容量更大，损耗更小，运行成本较低。其输送容量可达常规电缆 5 倍以上，但存在结构复杂，耗用的超导带材较多等不足，低温下绝缘材料的长期可靠性等方面尚缺乏足够的验证。低温介质电缆设计有单芯和三芯两种结构。三芯电缆的 3 根导体工作在同一个低温容器中。三芯电缆还可设计为三相轴电缆。

超导材料的研发是世界范围内极受瞩目的前沿课题，你可知道，在历史上已经有八位科学家因为超导方面的成就而获得了科学界的最高奖项——诺贝尔奖。尽管超导材料的使用还处于初级阶段，但随着超导材料临界温度的提高和材料加工技术的发展，它将会在许多高科技领域获得重要应用。超导材料能影响人类生存的许多重要领域，超导材料的突破，必将深刻地促进尖端科学技术的发展。

可以燃烧的冰

何谓可燃冰

可燃冰？很奇怪的名字，冰怎么会可燃呢？

众所周知，冰，是水的固态形式，其实它也是水。水是不可以燃烧的，那么可燃冰难道真的是可以燃烧的冰？

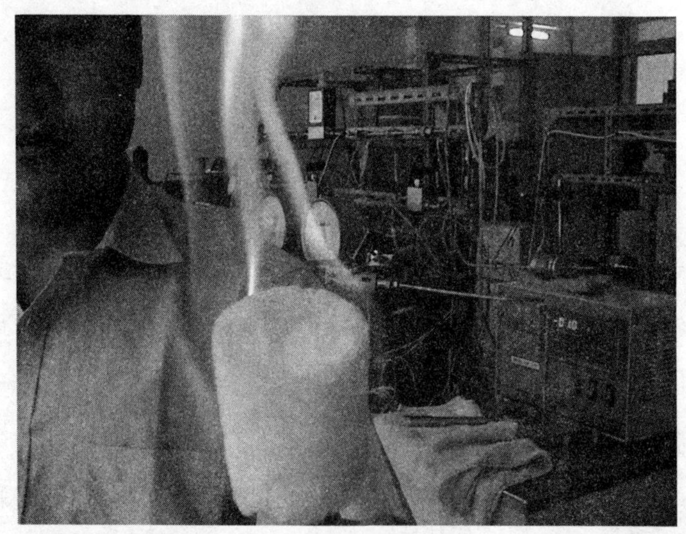

简单地说，可燃冰就是一种天然气与水结合在一起的固体化合物，它的外形与冰相似，故称“可燃冰”。可燃冰在低温高压下呈稳定状态，熔化后所释放的可燃气体相当于原来固体化合物体积的100多倍，1立方米可燃冰就等于160立方米天然气，可以说是相当优秀的压缩燃料。

可燃冰主要由水分子和烃类气体分子(主要是甲烷)组成,所以也称它为甲烷水合物。可燃冰是在一定条件下,由气体或挥发性液体与水相互作用过程中形成的白色固态结晶物质。一旦温度升高或压强降低,甲烷气就会散发出来,固体水合物便趋于崩解。所以固体状的可燃冰往往分布于水深大于 300 米以上的海底沉积物或寒冷的永久冻土中。海底可燃冰依赖水层的压力来维持其固体状态,其分布可以从海底到海底之下 1000 米的范围以内,再往深处则由于地温升高,其固体状态遭到破坏而难以存在。

可燃冰是天然气分子被包进水分子中,在海底低温与压力下结晶形成的。形成可燃冰有三个基本条件:温度、压力和原材料。首先,可燃冰可在 0 ℃以上生成,但超过 20 ℃便会分解。而海底温度一般保持在 2～4 ℃左右;其次,可燃冰在 0 ℃时,只需 30 个大气压即可生成,而在海底,30 个大气压很容易保证,并且压力越大,水合物就越不容易分解。最后,海底的有机物沉淀,其中丰富的碳经过生物转化,可产生充足的气源。海底的地层是多孔介质,在温度、压力、气源三者都具备的条件下,可燃冰晶体就会在介质的空隙间中生成。

世界上绝大部分的可燃冰分布在海洋里,据估算,海洋里可燃冰的资源量是陆地上的 100 倍以上。据最保守的统计,全世界海底可燃冰中贮存的甲烷总量约为 1.8 万亿立方米,约合 1.1 万亿吨。迄今为止,在世界各地的海洋及大陆地层中,已探明的“可燃冰”储量已相当于全球传统化石能源(煤、石油、天然气、油页岩等)储量的两倍以上,其中海底可燃冰的储量就足够人类使用 1000 年。如此数量巨大的能源是人类未来动力的希望,是 21 世纪具有良好前景的后续能源。

不过,可燃冰在给人类带来新的能源前景的同时,对人类生存环境也提出了严峻的挑战。可燃冰中的甲烷，其温室效应为二氧化碳的 20 倍，温室效应造成的异常气候和海面上升正威胁着人类的生存。全球海底可燃冰中的甲烷总量约为地球大气中甲烷总量的 3000 倍，若有不慎，让海底可燃冰中的甲烷气逃逸到大气中去，将产生无法想象的后果。而且固结在海底沉积物中的水合物，一旦条件变化使甲烷气从水合物中释出，还会改变沉积物的物理性质，极大地降低海底沉积物的工程力学特性，使海底软化，出现大规模的海底滑坡，毁坏海底工程设施，如海底输电或通讯电缆和海洋石油钻井平台等。

此外，如何开采可燃冰也是一个亟待解决的技术难题。

天然可燃冰呈固态，不会像石油开采那样自喷流出，开采技术要求非常高。如果把它从海底一块块搬出，在从海底到海面的运送过程中，甲烷就会挥发殆尽，同时还会给大气造成巨大危害。为了获取这种清洁能源，世界许多国家都在研究天然可燃冰的开采方法。科学家们认为，一旦开采技术获得突破性进展，那么可燃冰立刻会成为 21 世纪的主要能源。

相反，如果开采不当，后果绝对是灾难性的。在导致全球气候变暖方面，甲烷所起的作用比二氧化碳要大 20 倍，而可燃冰矿藏哪怕受到最小的破坏，都足以导致甲烷气体的大量泄漏，从而引起强烈的温室效应。另外，陆缘海边的可燃冰开采起来十分困难，一旦出了井喷事故，就会造成海啸、海底滑坡、海水毒化等灾害。所以，可燃冰的开发利用就像一柄“双刃剑”，需要小心对待。

可燃冰开采成潮流

1960 年，前苏联在西伯利亚发现了可燃冰，并于 1969 年投入开发；美国于 1969 年开始实施可燃冰调查，1998 年把可燃冰作为国家发展的战略能源列入国家级长远计划；日本开始关注可燃冰是在1992年，目前已基本完成周边海域的可燃冰调查与评价。但是，最先真正挖出天然可燃冰的却是德国。

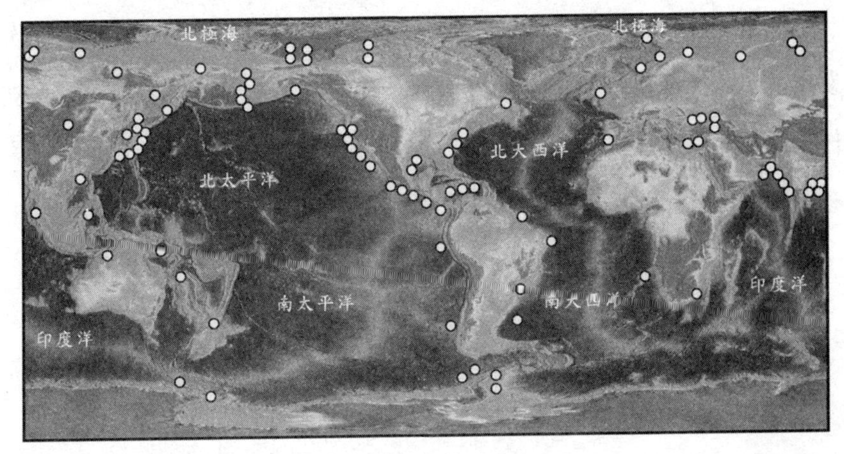

2000年开始，可燃冰的研究与勘探进入高峰期，世界上至少有30多个国家和地区参与其中。其中以美国的计划最为完善——总统科学技术委员会建议研究开发可燃冰，参、众两院有许多人提出议案，支持可燃冰开发研究。美国目前每年用于可燃冰研究的财政拨款达上千万美元。

为开发这种新能源，国际上成立了由19个国家参与的地层深处海洋地质取样研究联合机构，有50个科技人员驾驶着一艘装备有先进实验设施的轮船从美国东海岸出发进行海底可燃冰勘探。这艘可燃冰勘探专用轮船的7层船舱都装备着先进的实验设备，是当今世界上唯一的一艘能从深海下岩石中取样的轮船，船上装备有能用于研究沉积层学、岩石学、地球化学、地球物理学等的实验设备。这艘专用轮船由得克萨斯州A·M大学主管，英、德、法、日、澳、美科学基金会及欧洲联合科学基金会为其提供资金援助。

我国对海底可燃冰的研究与勘查已取得一定进展，在南海西沙海槽等海区已相继发现存在可燃冰的地球物理标志，表明中国海域也分布有可燃冰资源，值得我们开展进一步的工作；同时青岛海洋地质研究所已建立有自主知识产权的可燃冰实验室并成功点燃人造可燃冰。

2005年4月14日，我国在北京举行中国地质博物馆收藏我国首次发现的可燃冰碳酸盐岩标本仪式。宣布我国首次发现世界上规模最大被作为"可燃冰"存在重要证据的"冷泉"碳酸盐岩分布区，其面积约为430平方公里。

开启储能新纪元

寒冷的冬夜让我们对温暖的篝火倍加渴望；黑夜让我们在黑暗中努力地寻找光明；五色的霓虹总是需要不断的电力来“垂怜”。无论是篝火产生的热能还是灯火产生的光能，还是无时无不需要的电能，我们总能够用一种合适的方式将其储存起来，等我们需要的时候取其所用。而这种需求也被人们实现并且随着科技的发展不断改进储能材料造福人类。

反复存储更节约

时光的荏苒总是带走我们许多回忆，也带来更多美好的新事物。对于21世纪的人们来说，没有自己的手机、没有移动便携的电子设备，就已经是一件很不可思议的事情了。手机、相机、笔记本电脑、平板电脑、mp3……这些电子设备我们随身带在身边，相互联络与自我娱乐样样解决。然而出门在外拿着这么多电子设备最头疼的恐怕就是电源问题了，电子设备没有了电，则就像是鱼儿离了水——命不久矣。电子设备通常都是使用二次电池，也就是我们常说的充电电池来进行供能，这种电池相对于早先使用的干电池来言，二次电池可以充放电循环数千次甚至数万次，更加经济实用。如何延长充电电池的寿命和使用时间就成了科学家们需要解决的问题。

现代二次电池污染严重

先让我们来了解一下二次电池究竟为何物吧。一次电池与之相对应的便是二次电池，顾名思义，一次电池是只能利用一次的电池，而二次电池则是可以反复循环使用的电池。利用化学反应的可逆性，就可以组建出一个新电池，即当一个化学反应转化为电能之后，还可以利用电能使化学体系修复再次利用化学反应转化为电能，所以二次电池又叫充电电池，因为当电池没了电，只需找到电源充满电，电池就又可以使用了。

二次电池需要通过电池中的正负极的化学反应来产生电能，典型的二次电池有酸铅电池、镉镍电池、锌镍电池、金属氢化物镍电池、锂高温电池、钠硫电池、锂离子电池。如此多种多样的二次电池让人看得眼花缭乱，而这些二次电池并非全都是人们的理想选择。比如人们之前广泛使用的铅酸电池和镉镍电池、锌镍电池，含有铅、锌或镉，这类重金属不仅对于人类身体有害，而且处理不当对于环境会产生极大的破坏，据专家测试，一粒含有铅、镉、锌等重金属的纽扣电池就能污染 600 立方米的水，而 600 立方米的水则相当于一个人一生的饮水量！相较这些污染较严重的电池，金属氢化物镍电池、锂高温电池、钠硫电池、锂离子电池等这些则被认为是绿色电池，也就成为我们正在努力发展的新型二次电池。

新型二次电池的研究

由于铅酸电池等危害太大，人们便对新型二次电池展开了研究，金属氢化物镍电池(即 Ni－MH 电池、镍氢电池)就是研究较早的一种。20 世纪 60 年代，荷兰和美国的科学家先后发现了 $LaNi_5$(五镍镧)和 $MgNi_5$(五镍镁)具有可逆吸放氢性能，也就是在合适的温度和压力下，五镍镧合金或五镍镁合金能够吸收氢分子，冷却合金时氢就被吸收，加热时就会解吸。于是利用这类合金优异的可逆吸放氢性能，镍氢电池被逐渐开发出来。1960 年，斯坦福和他的妻子艾丽斯成立了能量转化设备公司(ECD)，而随后镍氢电池也在斯坦福手中诞生了。1987 年，工业化的金属氢化物镍电池正式投产制造。

镍氢电池可以分为两类：AB_5 类和 AB_2 类。AB_5 类中 A 是稀土元素的混合物或加上钛(Ti)；B 则是镍(Ni)、钴(Co)、锰(Mn)、还有铝(Al)。而一些高容量电池的“含多种成分”的电极则主要由 AB_2 构成，这里的 A 是钛(Ti)或者钒(V)，B 则是锆(Zr)或镍(Ni)，再加上一些铬(Cr)、钴(Co)、铁(Fe)或锰(Mn)。镍氢电池在电池充电时，氢氧化钾电解液中的氢离子被释放出来，由这些具有可逆吸放氢性能的化合物吸收，避免形成氢气，以保持电池内部的压力和体积。当电池放电时，这些氢离子便会经由相反过程而回到原来的地方。这个过程的反复也就完成了金属氢化物镍电池的放电和充电。

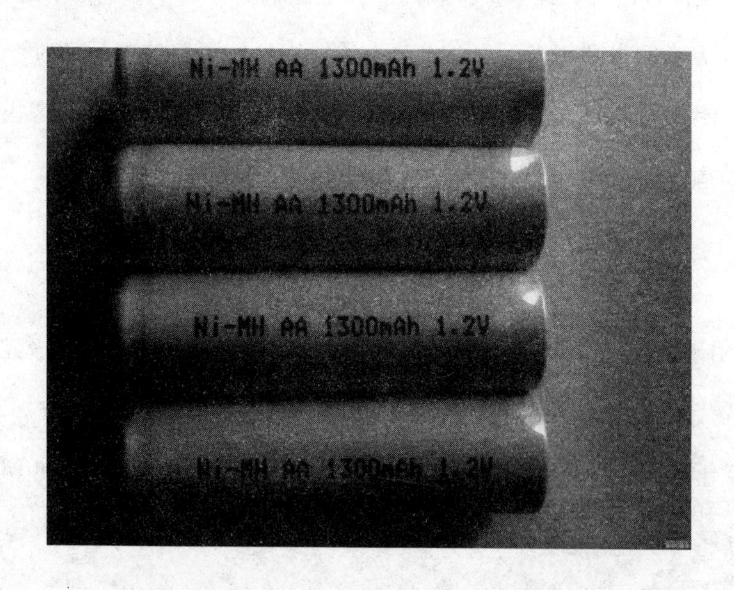

与镍镉电池相比，取代了重金属镉作为负极活性物质，镍氢电池能够多储备30%的电量，质量更轻，使用寿命也更长，并且用氢取代了致癌物质镉，使得镍氢电池成为绿色环保的新型电池。

日趋主流化的锂电池

但是镍氢电池的价格要比镍镉电池贵的多，而随着性能更好的锂电池的发明，镍氢电池的主流地位也逐渐被取代。

锂电池的出现要比镍氢电池早的多，它最早出现来自于伟大的发明家爱迪生，爱迪生利用 $Li+MnO_2 = LiMnO_2$ 这一氧化还原反应来进行放电。但是由于锂金属化学性质非常活泼，其加工、保存和使用对环境的要求非常高，因此锂电池并没有得到推广和利用。1992年，日本的索尼公司成功发明了以碳材料为负极，以含锂的化合物作正极的锂电池。当对电池充电时，电池的正极上有锂电子生成，生成的锂离子经过电解液运动到负极，而作为负极的碳是有很多微孔的层状结构，达到负极的锂离子就嵌入到碳层的微孔中，嵌入的锂离子越多，充电容量越高。同样，当对电池进行放电时(即我们使用电池的过程)，嵌在负极碳层中的锂离子脱出，又运动回正极。回正极的锂离子越多，放电容量越高。就在锂离子反复运动于正极负极之间时，完成了充电和放电的过程。这种锂电池就像是一把摇椅，把锂离子从正极、负极摇来摇去，因此这种锂电池又叫摇椅式电池。锂离子电池以其卓越的性能迅速替代了镍氢电池成为电池中的主流，我们日常生活中所指的锂电池也就是锂离子电池。

锂离子电池的负极材料也是多种多样，目前应用于锂电池负极材料基本都为碳素材料，如石墨、碳纤维、石油焦、无序碳和有机裂解碳，这类碳负极材料在充电时不会形成支晶，避免了短路，提高了使用安全性和寿命，而且这类锂离子电池充放电可逆性好、容量大。而除碳素材料以外，还有锡基负极材料、合金类负极材料、纳米级负极材料，但这些材料的锂离子电池并没有商业化，还有待我们去进一步研究发展。

锂电池材料的技术越来越成熟，应用的范围和领域也是越来越广，手机、笔记本等等人们常用的电子产品基本都用上了先进的锂电池，而锂离子电池动力的公交汽车更是投入了实际使用。

综上来看，无论什么样的新型二次电池能源材料都逐渐朝着容量更大、使用寿命更长、更加轻便的方向发展，更为重要的是，能够避免破坏我们本来就已很脆弱的生态环境，得到了持续的发展这才是使用先进材料的应有之意。

“永久能源”的利用神器

太阳能电池又被称作“太阳能芯片”或者光伏电池，是一种直接利用太阳光直接发电的光电半导体薄片。它只要被光照到，瞬间就可以输出电压及电流。而这其中起着至关作用的便是太阳能了。

令人敬畏的太阳能量

自有人类出现始，对太阳的崇拜就一直存在。不能直视的巨大“火球”，让人更加敬畏。世界各地的人民以不同的形式表达着对太阳的感情。

中国自古流传着很多关于太阳的传说。我国先秦富有神话韵味的地理书《山海经》记载“下有汤谷。汤谷上有扶桑，十日所浴，在黑齿北”。“大荒之中有山，名曰孽摇頵羝，上有扶木，柱三百里，其叶如芥。有谷，曰温源谷。汤谷上有扶木，一日方至，一日方出，皆载于乌”。这里的汤谷便是神话传说中太阳升起的地。与虞渊相对，虞渊指传说中日落之处。根据史料记载，汤谷位于山东东部沿海地区，是上古时期羲和族人祭祀太阳神的地方，是东夷文明的摇篮，也是我国东方太阳文化的发源地。

上古巴蜀先民对太阳有独特的祭祀方式，他们创造了“太阳祭”，他们铸造青铜神树、青铜太阳轮、人面鸟身像、太阳神鸟等众多与太阳有关的青铜器，把太阳跟青铜、黄金紧密联系在一起；他们口口相传着玄秘的太阳神话和传说，这些神话、传说、青铜器、金器凸现出的奇异魅力，在成都平原上一度璀璨闪耀。

在我国古代的一些传说中，太阳是我们中华民族的祖先炎黄二帝中炎帝的化身。炎和黄是一母所生的亲兄弟，哥哥炎帝比弟弟黄帝待人更加仁慈宽厚。古时人民缺衣少食，常常要忍受饥寒之苦，炎帝决定教导人类播种五谷。这时天上下起了谷子雨，地上冒出了九眼井。炎帝从地上拾起谷种，播撒到刚开垦的大地上，又用井中的清水给它们浇灌。从此以后，中华民族学会了农业耕种。

而同样，在西方的古代希腊神话传说中也有一个与太阳有关的神灵，即太阳神阿波罗，他和月亮女神阿尔忒弥斯是天神宙斯的孪生兄妹。阿波罗从小在奥林匹斯圣山上学习各种武艺与技术，长大后既英俊潇洒，又威武健壮，还有一身过人的好本领。他能为人们医治百病，还用他那百发百中的神箭射死了为害一方的巨蟒，最后终于取代了最早的太阳神赫利俄斯，成为受到人们尊敬的太阳神。每天，当黑夜即将过去的时候，太阳神阿波罗就会驾驶着由 4 匹骏马拉着的金马车，登上天空大道，将光明与温暖洒向人间。令人惋惜的是，阿波罗深深爱着的美丽的达佛涅女神，却在别人的捉弄下，变成了一棵月桂树。阿波罗为了纪念达佛涅，就拿月桂来做装饰品。直到今天人们仍然用桂冠当作胜利和荣誉的象征。

传说尽管不可当真，但也看出太阳对人们的重要意义。其实太阳犹如一个巨大的能量仓库，为我们储备着无穷无尽的能源。据测算，太阳四十分钟照射在地球上的太阳能便足够全球人类一年的消费。看在这里不禁让我们小小的兴奋了一下，如果将太阳能妥善利用，那么人类未来能源不就有了么！

确实，我们的科学家也在不断的努力积极探索转化太阳能为人类利用的方式。这其中，利用太阳能发电可以说是最佳的方式。太阳能发出来的电干净、无污染、不破坏环境、不排放任何废物，可以说太阳能发电是最理想的能源。

人类利用太阳汲取能量

人类从认识到利用太阳能发电的历史其实并不长。1893年，法国物理学家贝克勒尔(1852—1908)发现了“光生伏打效应”即“光伏效应”，这就为太阳能发电奠定了理论基础。二十世纪50年代，太阳能利用领域出现了两项重大技术突破：一是1954年美国贝尔实验室研制出实用型单晶硅电池，二是1955年以色列泰伯提出选择性吸收表面概念和理论并研制成功选择性太阳吸收涂层。这两项技术突破为太阳能利用进入现代发展时期奠定了技术基础。

利用太阳能发电有两种方式，一种是太阳光发电，即直接将太阳能转变成电能；另一种是太阳热发电，即先将太阳能转化成热能，然后将热能转化成电能。

太阳热发电的方式是先把太阳能转换为热能，再用转化来的热能产生蒸汽，用蒸汽带动发电机发电，这与传统的发电方式相类似，只不过燃料变成了太阳能。这种方式十分简便易行，可以很容易地就能产生电能。但是由于中间是通过热能转化，中间的转化过程较为繁琐且能量损失很大，光电转换效率大大降低，而且，设备庞大，相当于建立一个大型火力发电站还要加上大面积太阳能采集板，占地极大，不符合节约原则。

利用太阳能发电的方式

那么直接使用太阳光发电是不是可以很好地利用太阳能呢？太阳光

发电中，有一种形式是通过半导体的作用，把太阳能转化为电能，也就是我们常说的光伏发电。光伏发电需利用半导体的光电转换特性，通过太阳能电池进行光电变换来实现。它同以往其他电源发电原理完全不同，具有无资源枯竭危险、绝对干净、不受资源分布地域的限制、可在用电处就近发电、能源质量高、使用者从感情上容易接受、获取能源花费的时间短等优点。因此，光伏发电是一种比较好的太阳能发电形式。

而太阳能电池也正是运用光伏发电的形式。当阳光照射在太阳能电池的电池片上时，利用光伏发电的原理太阳能电池便会发电了。

太阳能电池的主要构件为电池片，电池片是主要的发电材料，由透光率极高、经过超白钢化处理的钢化玻璃保护。现在主流的电池片分为两种，晶体硅太阳电池片、薄膜太阳能电池片，而电池片的不同也将太阳能电池分为了晶体硅太阳能电池和薄膜太阳能电池两个类别。晶体硅太阳能电池片与薄膜太阳能电池片各有优劣。晶体硅太阳能电池其使用的材料便于工业化生产且材料性能稳定，其设备成本相对较低，光电转换效率也高，现有的高转换效率的太阳能电池都是用高质量的硅片上制造的。它虽然是比较理想的太阳能电池材料，但是其成本很高，相比之下，薄膜太阳能电池的消耗和电池本身的成本很低，而且弱光效应非常好，可以在普通灯光下发电，但是制造薄膜太阳能电池的设备成本较高，而光电转化效率只有晶体硅电池片的一半多点。

无论是哪种太阳能电池，都是为了充分利用这太阳赐予我们的无尽的资源，来解决现有能源短缺问题。在全世界一百三十多个国家投入到了普及太阳能电池的热潮中，九十多个国家正在大规模的进行太阳能电池的研制和开发，我们相信经济实惠且光电转换效率高的太阳能电池材料在不久的将来一定会出现在人们的生活中，让太阳能发挥到极致！

加的是燃料，得到的却是电

提高转化率的燃料电池

在我们周围常常会看到高高的烟囱冒着白白的烟，这可不是什么人家在做饭，这是火力发电冒出的水蒸气。无论使用煤或者石油这些燃料来进行火力发电，都是先将煤或者石油燃烧，燃烧所产生的热量将水加热形成蒸汽，蒸汽带动汽轮发电机组的磁场在钉子线圈中旋转，于是，电流就产生了。这种电力产生方式尽管对于燃料的转换率很低，造成了对于燃料的浪费，但是燃料极其便宜，即使有这种浪费，也并不妨碍我们利用它们产生电力。但是如果想要更为直接一点，不将这些燃料转换为热能而是直接转换为电能有没有可能呢？答案是肯定的，这时燃料电池便派上了用场。

燃料电池是一种在等温下直接将存储的燃料和氧化剂中的化学能高效的转化为电能的发电装置，而不会对环境造成污染。在燃料电池中，燃料和空气分别送进燃料电池中，电就被生产出来了。这种神奇的装置不必提前蓄电，可以自身不间断的产生电能用来充电，电力转化还十分的高效，简直就是一个小型的移动发电厂！

燃料电池在 1839 年便发明了出来，这种以铂黑为电极催化剂的简单的氢氧燃料电池点亮了伦敦讲演厅的照明灯。1889 年，燃料电池才被正式使用，但是那是发电机和电极过程动力学的研究没能够跟上，燃料电池的研究也是进展缓慢。直到20世纪50年代英国剑桥大学培根才真正制成了具有实用功率水平的燃料电池。从60年代开始，氢氧燃料电池广泛应用于宇航领域，同时，兆瓦级的磷酸燃料电池也研制成功。从80年代开始，各种小功率电池在宇航、军事、交通等各个领域中燃料电池得到应用。

燃料电池的种类

燃料电池材料随着发展，燃料电池家族也是不断壮大，根据电解质的不同，可以分为质子交换膜燃料电池（PEMFC）、熔融碳酸盐燃料电池材料（MCFC）、固体氧化物燃料电池材料（SOFC）、碱性燃料电池（AFC）等。

质子交换膜燃料电池其单个电池是由阳极、阴极和质子交换膜组成。这种燃料电池原理类似于水电解的"逆"装置，阳极为氢燃料发生氧化提供场所，阴极则为氧化剂还原提供场所。两级都有加速电极电化学反应的催化剂，质子交换膜则作为电解质，工作时相当于直流电源，形成阴阳两极的电流。这种燃料电池发电过程并不涉及氢氧燃烧，因而并不受卡诺循环[①]的限制，能量转换率高；发电时不产生污染，发电单元模块化，可靠性高，组装和维修都很方便，工作时也没有噪音。所以，质子交换膜燃料电池电源是一种清洁、高效的绿色环保电源。通常，质子交换膜燃料电池并不能单独运行，需要与一系列辅助设备共同构成发电系统。

熔融碳酸盐燃料电池是一种高温电池，由多孔陶瓷阴极、多孔陶瓷电解质隔膜、多孔金属阳极、金属极板构成的燃料电池，其电解质是熔融态碳酸盐。熔融碳酸盐燃料电池具有效率高（高于40%）、噪音低、无污染、

① 卡诺循环是指由两个可逆的等温过程和两个可逆的绝热过程所组成的理想循环，其包含四个步骤：等温膨胀、绝热膨胀、等温压缩、绝热压缩。

燃料多样化(氢气、煤气、天然气和生物燃料等)、余热利用价值高和电池构造材料价廉等诸多优点,可以说是21世纪的绿色电站。

固体氧化物燃料电池顾名思义,是以固体氧化物作为电解质的高温燃烧电池,它的工作原理与其他燃料电池相似,都是类似于水电解的逆装置。固体氧化物燃料电池采用固体氧化物作为电解质,在高温下具有传递O^{2-}的能力,在电池中起着传导O^{2-}和分离氧化剂和燃料的作用。阴极中氧分子得到了电子还原为氧离子;氧离子在电解质隔膜两侧电势差与氧浓度差的驱使下,通过电解质隔膜中的氧空位,定向跃迁到阳极侧,并与燃料进行氧化反应。固体氧化物燃料无需采用贵金属电极,成本大大降低,而且对于能量的综合利用率高。

而碱性燃料电池是燃料电池中发展最快的一种电池,使用的电解质为水溶液或稳定的氢氧化钾基质,且电化学反应也与羟基(—OH)从阴极移动到阳极与氢反应生成水和电子略有不同。这些电子是用来为外部电路提供能量,然后才回到阴极与氧和水反应生成更多的羟基离子。碱性染料电池的工作温度只有大约80 ℃,因此启动很快,但是因为其电力密度要比质子交换膜燃料电池的密度低十倍左右,因此使用较为笨拙,但是成本却是所有燃料电池中最低的一种。

燃料电池的优势

无论是什么样的燃料电池材料,它的优势在能源生成材料中都是非常明显的。最直接的便是燃料电池是由化学能直接转换为电能,而不是产生大量废气与废热的燃烧作用,因此能源转换效率要比普通的热电等高的多,现今利用碳氢燃料的发电系统电能的转换效率可达40%～50%;直接使用氢气的系统效率更可超过50%;发电设施若与燃气涡轮机并用，则整体效率可超过 60%；若再将电池排放的废热加以回收利用，则燃料能量的利用率可超过 85%。目前用于车辆的燃料电池其能量转换率约为传统内燃机的 3 倍以上，而内燃机引擎的热效率在 10%到 20%之间。

燃料电池可以用于车辆动力，而这对日益紧张的石油供应无疑是一针缓解剂，石油使用量的减少保障了国家的能源安全性。使用燃料电池进行发电，由于燃料电池都是单个电池的组合，并不像大型火力发电厂等一般设备庞大目标明显、对于选址有比较严格的要求，燃料电池的这种散布性使得地区电站摆脱了中央电站似的集中发电，一旦现代战争打响，电站就不再容易成为敌方打击的目标了，大大降低了国防风险。

燃料电池的供能材料来源十分广泛，尽管现在的电池仍旧以氢气为主要燃料，但是配备了燃料转化器的电池系统可以从碳氢化合物或者醇类燃料中萃取氢元素利用。垃圾掩埋场、废水处理场中分解产生的沼气也可以成为燃料的一大来源，如此丰富的燃料来源形式，只要将这些燃料供给燃料电池，源源不断的电力就会产生了。

对于现在环境污染日益严重，脆弱的环境已经成了我们人类当下面临的比较严峻的问题之一，空气的污染也使得人类心血管疾病、哮喘及癌症发病率更高。使用煤炭、石油等传统燃料是造成环境污染的一大元凶。燃料电池由于排放物大部分为水分，所以污染很低，即使有些燃料电池会排放二氧化碳，但是含量远远低于汽油的排放量。燃料电池发电设备产生 1000 千瓦/小时的电能，排放的污染性气体少于 1 盎司(英制单位，1 盎司约合 28.35 克)，而传统燃油发电机则会产生 25 磅(英制单位，1 磅约合 0.45 千克)重的污染物。显而易见，燃料电池可能是还我们一片蓝天的“终极秘密武器”！

燃料电池作为新型能源材料，优点众多，但还是存在很多不足。燃料电池的造价比较昂贵，且燃料电池启动速度尚不及内燃机引擎，这也是制约燃料电池迟迟没有普及的原因。

2012 年 12 月 31 日，中国第一驾纯燃料电池无人机试飞成功，这种以氢气为燃料的燃料电池飞机翱翔于天际，也让燃料电池成为航空技术未来发展的方向之一。日本丰田公司在 2012 年末开发出一款新型高效燃料电池，电池组的能量密度为 3 千瓦/升，为当今全球输出功率密度最高的电池，2015 年这种高效燃料电池将会推广使用。随着科学家们不断地研究开发燃料电池，相信未来的能源世界，燃料电池材料一定会脱颖而出！

储电设备的杀手锏

超级电容器的由来

在现在的电子设备中，电容器元件大量使用，电容器顾名思义为“装电的容器”，是一种能够容载电荷的器件，它所起到的作用就是充电和放电。而现在有一种可以反复充电放电数万次的电化学元件，它可以通过极化电解质来储能，但是在储能过程中却并不发生化学反应。这种电容器的面积是基于多孔碳材料，该材料的多空结构能够允许面积达到2000平方米/克，通过一些措施还可以实现更大的表面积。但是这种电容器的电荷分开的距离非常小，庞大的表面积加上非常小的电荷分离距离使得这种电容器有着巨大的静电容量。因此，我们给它起来一个霸气十足的名字：超级电容器。

超级电容器有着卓越的充电、放电性能，原理看似与蓄电池相同，其实不然。超级电容器充放电过程始终是物理过程，没有化学反应，因此性能是稳定的，与利用化学反应的蓄电池是不同的，超级电容器利用的是电双层原理。外界电压加到超级电容器的两个极板上时，与普通电容器一样，极板的正电极存储正电荷，负极板存储负电荷，在超级电容器的两极板上电荷产生的电场作用下，在电解液与电极间的界面上形成相反的电荷，以平衡电解液的内电场，这种正电荷与负电荷在两个不同相之间的接触面上，以正负电荷之间极短间隙排列在相反的位置上，这个电荷分布层叫做双电层，因此电容量非常大。当两极板间电势低于电解液的氧化还原电极电位时，电解液界面上电荷不会脱离电解液，超级电容器为正常工作状态(通常为3伏以下)，如电容器两端电压超过电解液的氧化还原电极电位时，电解液将分解，为非正常状态。由于随着超级电容器放电，正、负极板上的电荷被外电路泄放，电解液的界面上的电荷相应减少。

超级电容器的性能与它的名字相配，可以算得上是名副其实的超级。超级电容器可以在很小的体积下达到法拉级的电容量，数十秒钟到数分钟内快速充电。还在担心充电会引起电池爆掉吗，超级电容器让你不再担心这个问题，和电池相比过充、过放对不对它的寿命产生影响，而且它无须特别的充电电路和控制放电的电路；超级电容器能够焊接，像电池那样接触不牢固的问题再也不用担心。

但是超级电容器也是有些有待解决的问题，使用不当会造成电解质泄漏的现象；超级电容器的内阻较大，因此不能用于交流电路。

超级电容器的发展

超级电容器如此卓越的性能让其在各个领域崭露头角。在我们现在用的无线通讯中，常用的 GSM/GPRS 无线调制解调器传输数据的过程中，需要输出电压 3 伏左右，输出 200～300 毫安的电流脉冲，脉冲时间为秒级，期间还另需要一次达 2 安的电流脉冲，脉冲时间为毫秒级。常态脉冲供电可以由常规型号单体电池实现，而达到 2 安以上的大电流脉冲则只能依靠超级电容器来实现。

尽管超级电容器在某些应用领域要比电池性能优异，但是超级电容器目前并不能完全取代电池的地位，而有时将电池与超级电容器结合起来，充分发挥电容器的功率特性和电池的高能存储特性，成为一个绝佳的搭配组合。

现在道路上行驶的车辆越来越多，对于车辆特别是公交车更是在频繁的起步、加速、减速的过程中缓缓在城市道路上挪动着，这些车辆在起步、加减速过程中引擎的动力效率很低，而且会产生大量的有害气体排放出来。对于纯电动、燃料电池和混合动力的汽车而言，要么动力需求不

足，要么电压的总线上经常承受着大的尖峰电流，这无疑会大大减少动力系统的寿命。但是如果使用了超级电容器则情况就大不一样了。当瞬时功率需求较大时，由超级电容提供尖峰功率，并且在制动回馈的时候吸收尖峰功率，那么就可减轻对辅助电池、燃料电池或其他动力辅件的压力，从而可以大大增加起步、加速时系统的功率输出，而且可以高效的回收大功率的制动能量。这样做还可以提高蓄电池的使用寿命，改善其放电性能。以现在的技术并不能完全依靠超级电容器作为动力源，所以现在的汽车一般将超级电容器作为辅助动力来源，与电池、燃料电池或其他动力共同组成汽车的动力系统。现在这种混合动力的汽车已经逐步进入人们的生活，在我国，株洲市实现全市公交车混合动力化，深圳、郑州、昆明等城市也在进行公交车快速混合动力化。

开源节流方能永恒

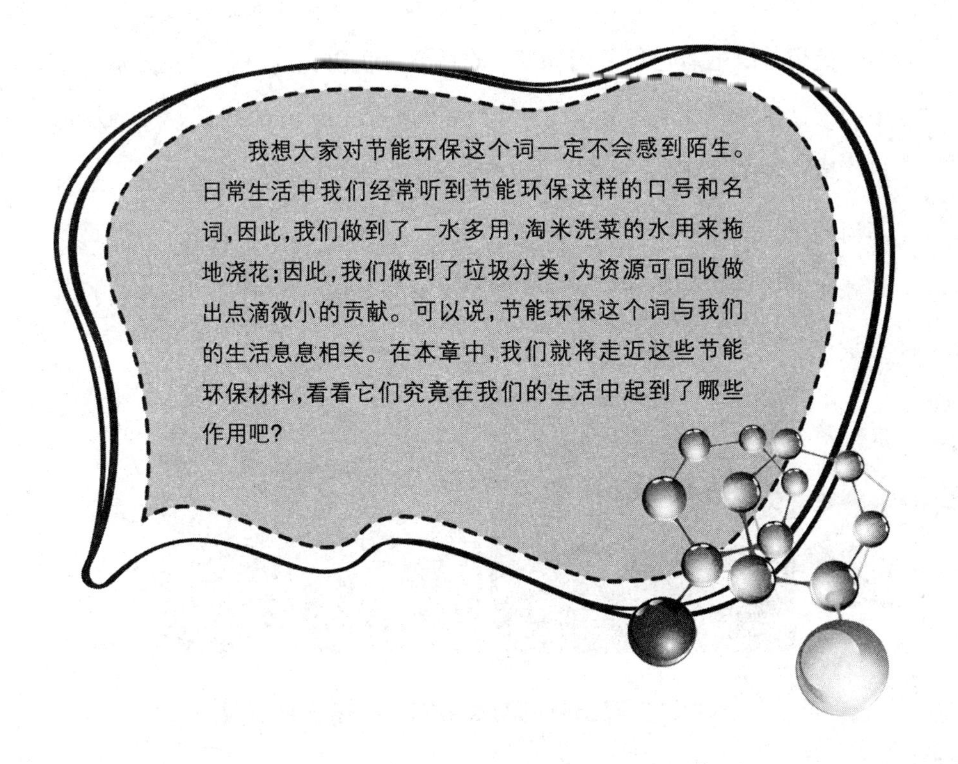

我想大家对节能环保这个词一定不会感到陌生。日常生活中我们经常听到节能环保这样的口号和名词，因此，我们做到了一水多用，淘米洗菜的水用来拖地浇花；因此，我们做到了垃圾分类，为资源可回收做出点滴微小的贡献。可以说，节能环保这个词与我们的生活息息相关。在本章中，我们就将走近这些节能环保材料，看看它们究竟在我们的生活中起到了哪些作用吧？

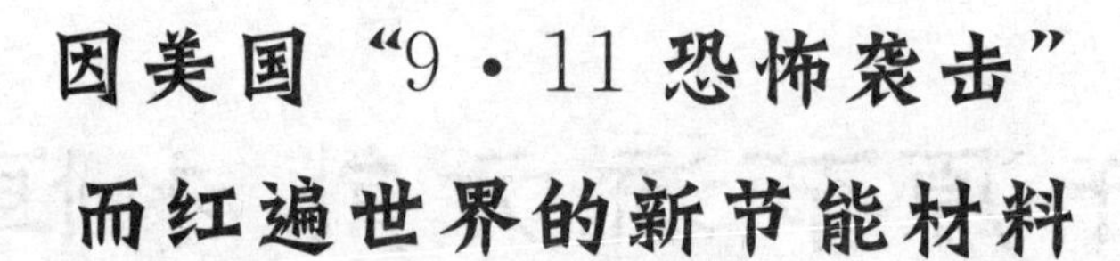

因美国“9·11恐怖袭击”而红遍世界的新节能材料

世界上真的有可以不用耗费一点能源就能发光的材料吗？难道传说中的永动机已经成为了现实？当然不是，世界上所有的物质都是遵循能量守恒定律的，这种不消耗能源便可长时间发光的材料也是如此。这种不消耗能源的发光材料其实是可以不必刻意为它提供光源，只依靠自然光源便可以自然吸收能源来让它持续发光了。而这种神奇的发光材料其实是长余辉发光材料技术在发挥作用。

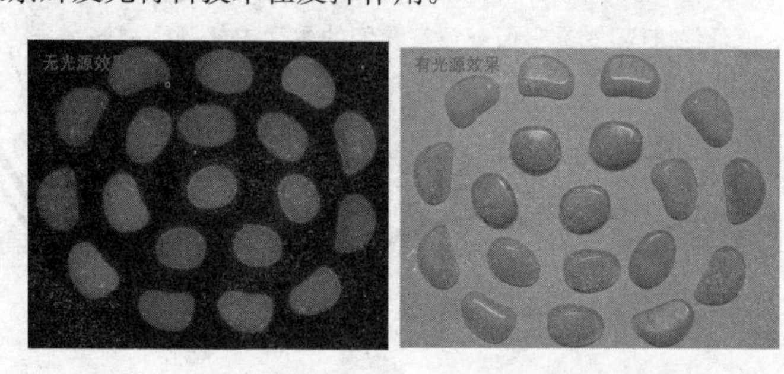

“9·11”恐怖袭击事件中的长余辉发光材料

说起长余辉发光材料，我们不得不提到美国2001年的“9·11”恐怖袭击事件。众所周知的美国“9·11”恐怖袭击事件后，美国的一篇文章令一位中国科学家扬名海外。该文章称：“正是一位中国人的发明，令数以万计的美国人在‘9·11’事件中得以逃生！”

这是怎么一回事情，怎么会一个中国人在恐怖袭击事件中拯救了那么多美国人？其实，这个报道指的是这位中国人发明的实用的长余辉发光材料在被袭击的世贸大楼里做成的指路标志，在关键的时候发挥了巨大的作用，引导大量的人员在短时间内逃离了后来垮塌的大楼。

长余辉发光材料的发展

这位科学家叫肖志国，原来是中科院东北一个研究所的研究员，专门做长余辉材料研究。

1992年，他首创发明了无害、无放射性稀土蓄光型发光材料，攻克了世界上多年来未攻克的高效蓄光发光光一光转换的难题。然而，由于种种原因，这个技术并未得到广泛的应用和深入研究。

同年，他辞职筹资组建了大连路明发光材料公司，用原始的生产工艺生产出了第一批稀土长余辉发光材料。他带着样品四处推销，却屡遭拒绝。甚至为了证明其材料是真正无毒无害的，他当众把他的稀土长余辉发光材料冲水喝下。他有过被厂家保安驱逐的经历，也有过得到其他科学家认可的喜悦，但是他的产品却始终销售不出去。公司面临破产，真正的好材料、好技术、好人才面临被埋没的境地。

1994 年，一次在香港参加的博览会为他和他的稀土长余辉发光材料带来了生机。那是一个德国的建筑商，他正在为德国一个机场的建设寻找一种能够做自动发光路标的材料。碰巧，他看到了肖志国的稀土长余辉发光材料，当场决定购买一小批完成他的工程。正是这一小批为肖志国解决了资金紧缺的大问题，同时，为他做了一个他想都想不到的大广告。

1993 年，美国世贸大厦地下室发生或一次炸弹爆炸的恐怖袭击。爆炸导致整个大厦断电，5 人死亡，近千人受伤。但是，大厦内有近 10 万人在完全黑暗的情况下，用了 9 个多小时才全部疏散，很多伤者都是在疏散的过程中受伤的。好在，过后没有发生再一次袭击，避免了更大的伤亡。为了解决这个疏散问题，美国政府责成相关部门必须解决这个紧急疏散的问题，而解决这个问题的关键就是要在大厦停电的时候保证有明显的发光标志指示人群顺利疏散。

相关人员走遍世界都没有能够找到这样的材料。一次偶然的机会，一个相关人员在路过德国一个机场的时候，看见一些机场指路牌在黑暗处发出淡淡的荧光，猛然醒悟，这正是他们寻遍全球而不得的东西。几经周转，他们终于找到了那个建筑商，得知要解决这个问题，就要到中国去找一个叫肖志国的人。这一找，就为肖志国的公司带来了生平第一笔巨额财富。美国政府向他订购了足够刷满整个世贸中心双子楼的稀土长余辉发光材料。正是这次的英明之举，才令 2001 年的“9·11”恐怖袭击后，大厦数万人能在极短时间内逃生，避免了后来大厦倒塌而导致的灭顶之灾。想象一下，如果这一次也还是需要数小时才能疏散大厦中的人流，那后果将是如何不堪设想！难怪，美国人民都要感谢这个用新材料间接挽救了他们生命的中国人。

肖志国，是我们中国的骄傲。

现在，稀土长余辉发光材料随着美国“9·11”恐怖袭击事件后的免费广告已经遍布全世界了，肖志国的大连路明公司也成了世界上知名的发光材料公司。长余辉发光材料无需电源并可在夜间起到标记作用的特性令它有着多种的用途。可以用它制成街道路标、楼房门牌标号、消防安全标志、广告牌等，即节能有美观，还能在应急时候发挥巨大的作用。可以说，稀土长余辉发光材料的普遍应用已成定局，具有广阔的应用前景。

敢想就能帮你实现

同学们如果看过哆啦a梦的话，一定记得记忆面包吧。我小的时候就很希望有记忆面包，考试前把要背的内容打在面包上然后吃下去，那么所有的考试内容就都会啦。科技的进步使得记忆面包的存在成为可能。这种神奇的科技就是3D打印。

3D打印机形式多样

我们平时使用打印机的时候，轻点电脑屏幕上的“打印”按钮，一份数字文件便被传送到一台喷墨打印机上，它将一层墨水喷到纸的表面以形成一副二维图像。而在3D打印时，软件通过电脑辅助设计技术(CAD)完成一系列数字切片，并将这些切片的信息传送到3D打印机上，后者会将连续的薄型层面堆叠起来，直到一个固态物体成型。3D打印机与传统打印机最大的区别在于它使用的“墨水”是实实在在的原材料。也就是说，通过3D打印机，你看见了一个缩小的埃菲尔铁塔，就可以通过技术手段打印出一个迷你版埃菲尔铁塔，这项技术听上去是不是非常的神奇呢?

而且，3D打印堆叠薄层的形式有多种多样。有些3D打印机使用“喷墨”的方式。例如，一家名为Objet的以色列3D打印机公司使用打印机喷头将一层极薄的液态塑料物质喷涂在铸模托盘上，此涂层然后被置于紫外线下进行处理。之后铸模托盘下降极小的距离，以供下一层堆叠上来。另外一家总部位于美国明尼阿波利斯市的 Stratasys 公司使用一种叫做“熔积成型”的技术，整个流程是在喷头内熔化塑料，然后通过沉积塑料纤维的方式才形成薄层。

还有一些系统使用粉末微粒作为打印介质。粉末微粒被喷洒在铸模托盘上形成一层极薄的粉末层，然后由喷出的液态黏合剂进行固化。它也可以使用一种叫做“激光烧结”的技术熔铸成指定形状。这也正是德国 EOS 公司在其叠加工艺制造机上使用的技术。而瑞士的 Arcam 公司则是利用真空中的电子流熔化粉末微粒。以上提到的这些仅仅是许多成型方式中的一部分。

当遇到包含孔洞及悬臂这样的复杂结构时，介质中就需要加入凝胶剂或其他物质以提供支撑或用来占据空间。这部分粉末不会被熔铸，最后只需用水或气流冲洗掉支撑物便可形成孔隙。

可以见得，3D 打印中最重要的就是打印材料了，如今可用于打印的介质种类多样，从繁多的塑料到金属、陶瓷以及橡胶类物质。有些打印机还能结合不同介质，令打印出来的物体一头坚硬而另一头柔软。

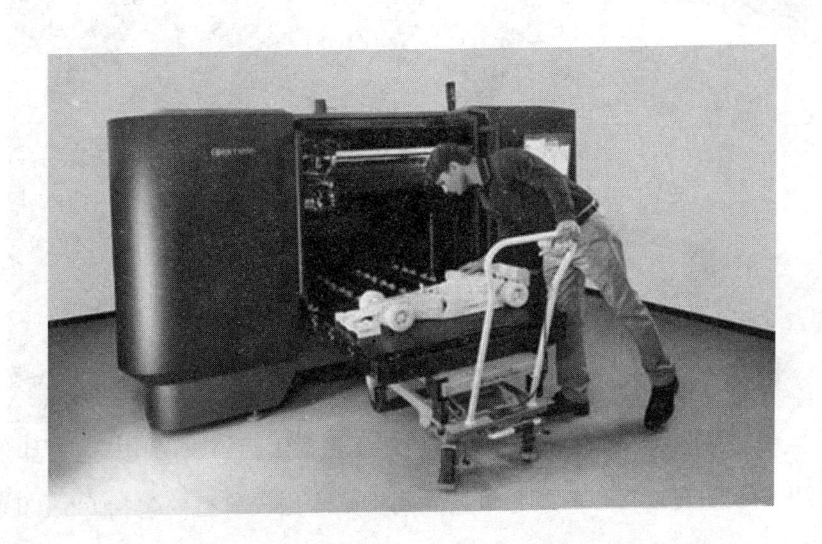

只要敢想，就有可能

更神奇的是，科学家们正在利用 3D 打印机制造诸如皮肤、肌肉和血管片段等简单的活体组织，很有可能将有一天我们能够制造出像肾脏、肝脏甚至心脏这样的大型人体器官。如果生物打印机能够使用病人自身的干细胞，那么器官移植后的排异反应将会减少。人们也可以打印食品，比如康奈尔大学的科学家们已经成功打印出了杯形蛋糕。如果用这种打印机打印出巧克力，那么将是非常浪漫的应用了。

3D 打印最考验的是想象力，只要敢想，便没有什么不可能。正是这种技术的存在让“天马行空”转变为“脚踏实地”的可能，人们利用 3D 打印为自己所在的领域贴上了个性化的标签。科学家们向我们展示了如何 3D 打印马铃薯、巧克力、小镇模型，甚至扩展到用 3D 打印汽车和飞机。

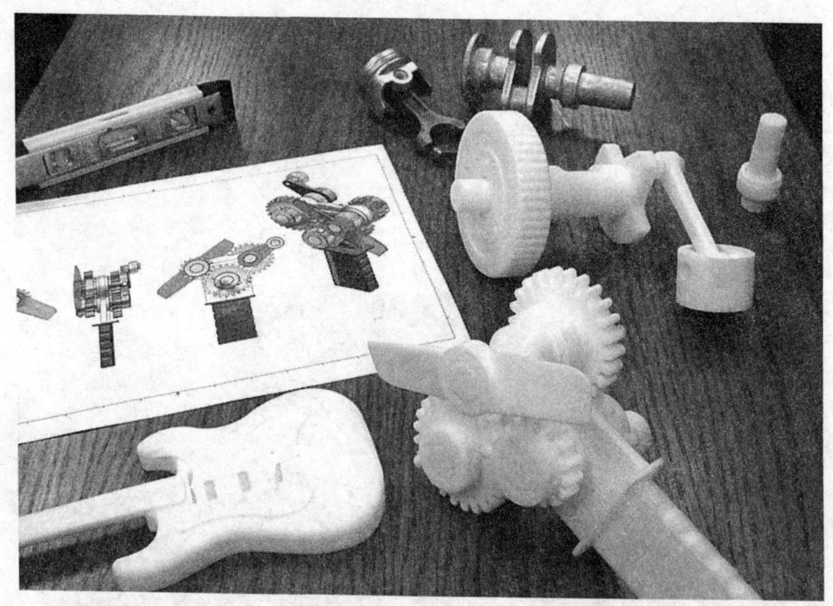

3D 打印技术在 2011 年被充分应用于生物医药领域，利用 3D 打印进行生物组织直接打印的概念日益受到推崇。比较典型的包括 Open3DP

创新小组宣布3D打印在打印骨骼组织上的应用获得成功，利用3D打印技术制造人类骨骼组织的技术已经成熟；哈佛大学医学院的一个研究小组则成功研制了一款可以实现生物细胞打印的设备；另外，3D打印人体器官的尝试也正在研究中。

随着3D打印材料的多样化发展以及打印技术的革新，3D打印不仅在传统的制造行业体现出非凡的发展潜力，同时其魅力更延伸至食品制造、服装奢侈品、影视传媒以及教育等多个与人们生活息息相关的领域。

以影视传媒为例，在2011年11月，由史蒂文·斯皮尔伯格监制、休·杰克曼主演的动作励志影片《铁甲钢拳》，围绕未来世界的机器人拳击比赛，讲述了一个饱含梦想与亲情的励志故事，其中的父子情是影片大受欢迎的一大卖点。为了让片中的主角——机器人看起来更逼真，Legacy Effects特效公司使用Objet公司的3D打印机制作了1∶5大小的模型。在完成建模、手绘、抛光和审核后，全尺寸的机器人“亚当”“吵闹小子”和“奇袭”相继制作完成，高精度的3D打印制作呈现出了活灵活现的主角们。通过动作捕捉技术与实际大小仿真机器人模型的完美结合，则生动演绎了热血澎湃的机器人打斗画面，为影片加分不少。

在速度突破上，2011年，个人使用3D打印机的速度已突破了送丝速度300毫米/秒的极限，达到350毫米/秒。在体积突破上，3D打印机体积为适合不同行业的需求，也呈现“轻盈”和“大尺寸”的多样化选择。目前已有多款适合办公室打印的小巧3D打印机，并在不断挑战“轻盈”极限，为未来进入家庭奠定基础。

利用3D打印技术改善艺术及生活的例子屡见不鲜。荷兰时尚设计师艾里斯·范·荷本使用3D打印机打印出了他的所有设计作品，帮助设计师完整地展现其灵感。而在康奈尔大学的一个项目中，研究团队制造了一台3D打印机用于打印食物，展现了烹调的独特方式。其优势在于能够精确控制食物内部材料分布和结构，将原本需要经验和技术的精细烹调转换为电子屏幕前的简单设计。这样一来，也会为厨房带来一场技术性的革命。

3D打印机的未来

3D打印这种按照需求来定制、以相对低廉的成本制造产品的打印机一度为是科幻想象，但是现在这种天马行空的想象却变为了现实。尤其是2013年后，这种趋势将逐渐加速。那么3D打印的未来究竟有哪些可能呢？

首先，3D打印将会在工业领域发挥重要作用。3D打印原先只能用于制造产品原型以及玩具，而现在它将成为工业化力量。你乘坐的飞机将使用3D打印制造的零部件，这些零部件能够让飞机变得更轻、更省油。

事实上，一些3D打印的零部件已经被应用于飞机上。该技术也将被国防、汽车等工业应用于特种零部件的直接制造。总之，在你不知不觉的情况下，通过3D打印制造的飞机、汽车乃至家电的零部件数量将越来越多。

其次，这种打印方式也将在医疗技术领域派上用场。

通过3D打印制造的医疗植入物将提高你身边一些人的生活质量，因为3D打印产品可以根据确切体型匹配定制，如今这种技术已被应用于制造更好的钛质骨植入物、义肢以及矫正设备。

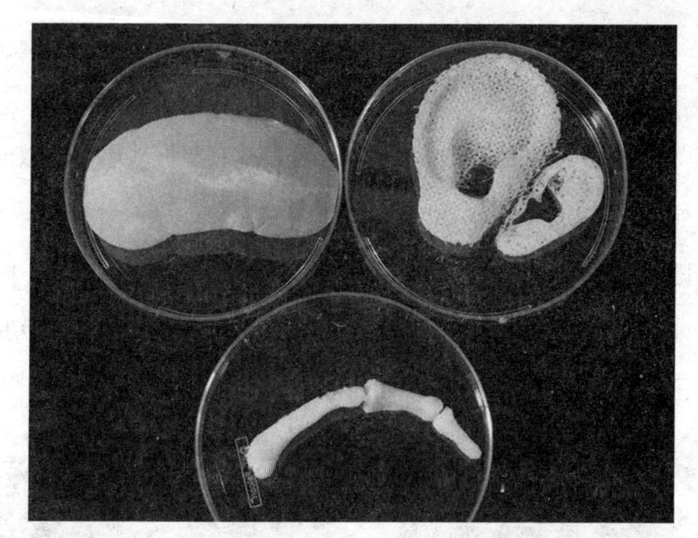

打印制造软组织的实验已在进行当中，很快通过3D打印制造的血管和动脉就有可能应用于手术之中。目前，3D打印技术在医疗应用方面的研究涉及纳米医学、制药乃至器官打印。最理想的情况是，3D打印技术在未来某一天有可能使定制药物成为现实，并缓解（如果不能消除的话）器官供体短缺的问题。不过这种状况的实现可能还尚须时日。

第三是让定制物品成为常态。

今后购买的产品将根据自己确切的具体信息进行定制，该产品通过3D打印制造并直接送到你的家门口。通过3D打印技术，创新公司将凭借与竞争对手的标准化产品相同的价格为用户提供定制化体验，以此获得竞争优势。起初，这种体验可能包括制造定制智能手机外壳这样的新奇物品或是为标准化工具进行符合人体工程学的改造，但它很快就会扩张到新的市场。公司领导者将对销售、分销以及营销渠道进行调整，以充分利用其直接向消费者提供定制化体验的能力。定制化同样也将在医疗器械领域发挥重要作用，比如通过3D打印制造助听器和义肢。做出最符合客人需要的产品。

3D 材料制作的物品

3D 材料制作出来的物品多种多样，可以说只要你想你就能做出来。

1. 航模飞机。

据国外媒体报道，3D 打印机曾用于制造一些机械零部件和小玩具，但是目前，美国弗吉尼亚大学工程系的研究人员采用最新的 3D 打印技术制造了一架无人飞机，机翼宽约 2.0 米，巡航速度达到 72 千米/时。

这个飞机是由美国弗吉尼亚大学工程系学生研制的，它的机翼宽 2.0 米，是由打印零件装配构成。今年 8 月和 9 月初，研究小组在弗吉尼亚州米尔顿机场附近进行了 4 次飞行测试，这是迄今第三架用于建造飞行的 3D 打印飞机，巡航速度可达到 72 千米/小时。

美国弗吉尼亚大学工程师大卫－舍弗尔称，3D 打印技术现已证实是应用于教导学生的一种宝贵工具。据悉，他和工程系学生史蒂芬－伊丝特和乔纳森－图曼共同建造这架 3D 飞机。

舍弗尔称，五年前为了设计建造一个塑料涡轮风扇发动机需要两年时间，成本大约 25 万美元。但是使用 3D 技术，我们设计和建造这架 3D 飞机仅用 4 个月时间，成本大约 2000 美元。这将创建一个前所未有的飞行教学平台。

2. 神奇的超级 3D 打印机。

科学家研制了一款神奇的 3D 打印机，可用于未来行星登陆时建造基地的任务中。比如，未来在月球基地中生活的宇航员可以使用这款 3D 打印机，将月球上岩石或者特殊材料“打印”成所需要的工具。目前，研究人员演示了如何将月球岩石土壤作为 3D 打印机的原材料，其应用范围几乎可以将任何固体材料制造成所需的工具，可以允许未来的探险家建设外星球基地。

3. 利用胚胎干细胞 3D 打印人体器官。

英国科学家已经研发出一种三维打印技术，可用胚胎干细胞制造人体组织。这种由爱丁堡赫瑞－瓦特大学开发出的方法意味着病入膏肓的病人可轻易获得肝脏、心脏和其他器官。专家相信只需 10 年就能用上第一批器官。克隆技术可制造胚胎干细胞或具有胚胎干细胞特性、含有患者遗传编程的细胞。用这样的细胞制造出的人造组织和器官可被植入患者体内，而且不会引发一个危险的免疫反应。

据此可以看出，3D 打印材料的可能性极为丰富，这也为这种技术的发展提供了无限可能。而可以肯定，随着 3D 打印技术的发展，唯一影响的因素将只会是人们想象力的宽度。只要能想到的就可以做到，这就是这种神奇的打印技术和材料将会带给我们生活的，翻天覆地的变化。

循环才能有未来

纤维这个词对于很多人来说也许并不陌生，我们穿着的衣服也许就是由纤维构成的，所以可以说，纤维和我们的生活息息相关。而今天我们要说的，是可生物降解纤维。

生物降解纤维成热门话题

可生物降解纤维是生态纤维的一种，它是指在自然界中，在生物、光、水、空气的作用下，可降解为小分子产物的纤维材料。

在环境保护备受关注的今天，可生物降解高分子材料（塑料、橡胶、纤维等）已成为当代世界各国研究的热点。生物降解纤维最初是在60年代应医用需要（如可吸收手术缝线）而发展起来的。目前，经过四十多年的发展，在医疗领域得到较多的应用，一些性能优良、成本较低的可降解纤维的应用已经拓展到服用、渔业、建筑等领域。

可生物降解纤维是由可生物降解聚合物纺制而成的。目前，主要有天然高分子及其衍生物、微生物合成高分子、化学合成高分子三大类可生物降解聚合物。国际上已开发了不少这类聚合物的纤维产品。其中，纤维素纤维、甲壳质类纤维、烷碳链聚酯纤维和聚乳酸类纤维是研究的热点。我国在这方面开展了一些工作，也取得了一定进展，但与美、日等国相比，还存在较大的差距。

我们需要知道的是，这种可生物降解纤维是怎样起到环保作用的呢，也就是说，纤维降解的原理是什么？

可生物降解纤维的降解速率是由其聚合物原料的特性和环境因素共同决定的。首先和其表面增殖的微生物产生的酶作用发生裂解；或经水或光催化发生水解或降解，大分子链发生断裂。然后，在酶、水和光的共同作用下，大分子链进一步瓦解成更小的片断。最后，这些分子量足够低的分子链小段被代谢成水和二氧化碳。

可生物降解纤维分类

1. 天然高分子及其衍生物。

许多中天然多糖类高分子都可用来制备生物降解纤维，如纤维素及其衍生物、甲壳质及其衍生物、海藻酸等。首先是纤维素及其衍生物：纤维素是自然界中含量最丰富的有机物。

其次是甲壳质及其衍生物。甲壳质是由 2-乙酰氨基-2-脱氧-β-D-葡萄糖通过 β-1，4 苷键连接而成的线性聚合物，广泛存在于甲壳类动物的甲壳中。甲壳质是自然界存在的唯一呈碱性的多糖，它和甲壳胺都具有加速骨成形、生物相容、安全、无毒、易与细胞结合、能被人体吸收等独特性能，甲壳胺还具有杀菌能力。甲壳质和甲壳胺都能在水和酶（如溶菌酶、脂肪酶等）作用下发生水解，最终转化为二氧化碳和水。但由于高结晶和氢键的作用，甲壳质的溶解性能差，只能被一些强质子酸所溶解，但其纺丝和后处理工艺复杂而耗时，不适宜工业化大生产。甲壳胺是甲壳质的脱乙酰衍生物，易溶于有机和无机酸水溶液，生产成本较低。甲壳质和甲壳胺纤维制品主要用作伤口敷料、人造皮肤、医用纱布、止血球、牙周片、药物载体，少量则用于服用领域，如内衣、口罩的内层、内裤的里衬、袜子等。此外,甲壳胺还易与有毒重金属离子结合,所以,甲壳胺纤维还可用作工业废水的过滤材料,有用的金属离子。由于自然界中甲壳质的量十分巨大,其衍生物的有许多优良的性能,所以甲壳质类纤维制备及其应用技术是十分值得开发的。

还有藻酸纤维。藻酸是一种从海洋褐藻中提取的天然多糖,是由β-D-甘露糖醛酸(M)与α-L-古罗糖醛酸(G)经过1,4键合形成的线型共聚物。藻酸因来源不同,其单体G与M的相对比例及排列顺序都有较大的差异,由此得到的纤维的性能也会有所不同。

最后一种是我们熟悉的淀粉。大家可能知道馒头和土豆等我们日常生活中常常吃到的事物具有淀粉,却不知道,淀粉是由直链淀粉和支链淀粉两种单元结构组成的部分结晶高聚物。淀粉的热塑性很差而亲水性过强,使其加工成形变得非常困难,通常通过合成淀粉衍生物(如淀粉醋酸酯),或与其他疏水高聚物共混,来提高加工性能,进而制成纤维制品。如高取代度的淀粉醋酸酯与纤维素醋酸酯共混熔融纺丝,可得到性能改善的纤维。在增塑剂的作用下,聚乙烯和淀粉的混合物由螺杆挤出成形得到的可降解纤维,可用做绳索、线、钓鱼线和渔网等。当然,天然蛋白高分子如酪素、蚕丝蛋白和骨胶和丙烯腈共聚得到的接枝共聚物,可由湿法纺丝成形制备可降解纤维;黄豆蛋白与聚乙烯醇可以用复合纺得到皮芯型的纤维。

总之,天然高分子及其衍生物还是有很多种类可以成为可生物降解纤维材料的。

2. 微生物合成高分子。

由微生物合成的聚羟基链烷酸酯、短梗霉多糖、功能蛋白高分子等都可制成纤维,此外,微生物也可直接生产可生物降解纤维。第一种是烷碳链聚酯(PHA)纤维,PHA是原核微生物细胞的碳源和能源储存物质,是一种脂肪族聚酯。当微生物处于氮或磷不足的不平衡营养环境中,就会大量合成并储存PHA。聚羟基丁酸(PHB)是PHA中存在最广、发现最早、研究最透彻的一种生物聚酯,其性能和结构与聚丙烯(PP)相近。由PHB熔融纺丝可以获得机械性能较好、具有应用可能的PHB纤维。采用冻胶纺丝,可获得强度更高的PHB纤维。改变发酵条件可以生产出多种熔点低、质地柔软的PHB共聚物,3-羟基丁酸(HB)和3-羟基戊酸(HV)的无规共聚物(PHBV,含0～30%HV),随着HV含量的增加,共聚物的可加工性能变好,但其耐热性变差。PHA的纤维制品可用作医用材料、卫生材料、渔网、服装等。PHA在通常条件下很稳定,但在土壤、湖泊、海洋等自然环境中很容易生物降解。而且PHA的生物合成技术及成形加工技术是十分值得开发的。第二种则是短梗霉多糖纤维短梗霉多糖是以廉价的谷物和马铃薯为原料,由出芽短梗霉产生的一种胞外水溶性多糖,这是一种由麦芽三糖1,6键接形成的聚合物,强度和硬度等物理性质与聚苯乙烯相当。短梗霉多糖可经干法纺丝和增塑熔融纺丝加工成纤维,采用优化的工艺,可以制得光泽良好、平滑、透明、强度接近尼龙的短梗霉多糖纤维。短梗霉多糖无色、无味、无毒,其纤维制品可用做手术

缝线和医用敷料。还有功能蛋白纤维，即通过基因工程和蛋白工程，可由微生物合成类似天然蚕丝、蜘蛛丝结构的蛋白，然后将其加工成具有天然丝性能的人造蛋白纤维。最后是微生物合成纤维。在多糖溶液中培养某些细菌，如膜醋菌，可以获得直径小于40纳米的生物纤维素丝条，可用于制作高质量耳机。由微菌类霉菌体可以合成由支化营养菌丝或长度可达几厘米的带孢子的孢子囊柄组成的丝条。

3. 化学合成高分子。

第一种要谈到的是聚酯纤维。聚酯纤维中又有划分，比如聚乳酸类纤维。聚乳酸纤维：聚乳酸(PLA)是一种聚羟基酸，它的原料乳酸可由玉米乳清、甜菜下脚、土豆废渣、奶酪下脚等经发酵、蒸馏获得。在常见的可生物降解聚合物中，聚乳酸的性能最为优越：耐热性能良好、结晶度高、强度高、透明，且可热塑成形。人们对它进行了大量的研究，并取得了许多进展。聚乳酸纤维制品可在98～110 ℃下用分散染料进行染色，且具有较好的色牢度，是较好的服用材料。此外，聚乳酸纤维的应用已拓展到非服用领域，如用作日常用品、土木/建筑工程、农业、林业、园艺、包装、医用和卫生材料等。目前，由熔融纺丝法生产的聚乳酸纤维已进入了半商品化生产阶段。

另一种是聚羟基乙酸酯纤维。聚羟基乙酸酯(PGA)是最简单的线性脂肪族聚酯，于1970年进入市场。PGA经熔融纺丝制成的纤维，可用作可吸收手术缝合线，但其降解速度太快。为改善其性能，可将其和乳酸(LA)进行共聚。当丙交酯含量为10%～15%时，PGLA可熔融纺丝制成性能良好的纤维，即强度>6.7 g/d，结节强度>4.4 g/d，柔韧性良好，生物降解速度适中，被用作可吸收手术缝线、牙科材料和骨科材料。目前，国内已开始生产PGLA手术缝合线。

除此以外，还有聚己内酯(PCL)纤维。聚己内酯是一种水稳定性良好的疏水、高结晶聚合物，可由有机金属化合物催化环状单体ε-己内酯开环聚合而得到。聚己内酯纤维可通过熔融纺丝制得，是一种价格较低的可生物降解合成纤维。由于聚己内酯的熔点为60 ℃左右，玻璃化温度为－60 ℃，结晶温度为22 ℃，非常接近室温，所以应用受到限制。由于其对许多物质能很好地吸收，所以可作用需长时间缓慢释放的药物和除草剂的载体。另外，芳香族聚酯类纤维也值得我们重视。由于空间位阻增加，具有苯环结构的芳族聚合物通常是很难降解的。但是，通过共聚将易酶解或水解的键接引入到聚合物中，可以得到可生物降解的芳香族聚酯。如由PET、非芳族二元酸和磺酸基间苯二酸衍生物的碱土金属盐共聚得

到的聚合物，经熔融纺丝后，可以得到强度和韧性良好的可生物降解纤维。由杜邦公司开发的可生物降解聚酯类聚合物——Biomax，是在聚合时引入该公司专有的单体而得到的。它可在现有的聚合装置中聚合，生

产成本较其他可生物降解聚合物都低。Biomax 柔韧，熔点为 200 ℃，其强度介于低密度 PE 和聚酯之间，可熔纺加工成纤维。其纤维制品可用作抹布、一次性尿布的面层和背层、一次性餐具等。由对苯二甲酸二甲酯、己二酸、1，4-丁二醇和丙三醇聚合得到的共聚物，可制成使用寿命较长的可生物降解纤维、薄膜制品。通过引入一定量的第三单体，可以实现芳族羟基酸和脂肪族 α 羟基酸的共缩聚。这种三元聚酯(PHBA：GA：PHCA＝43：28.5：28.5，摩尔比)的热稳定性良好(T_g＝82 ℃，T_m＝150 ℃)，可以很容易地熔融纺丝成机械强度较高、可生物降解纤维。对 PET 进行改性，使其可生物降解，是对传统的 PET 纤维行业进行改造的重要途径。

当然还有一些其他的材料，美国 Planet 聚合物技术公司研制和开发了一批水溶性可降解聚合物—— Enviroplastic(商品名)，可制成纤维和单丝产品。该聚合物对细菌、海藻及鱼类无毒，且其与其他聚合物的共混性能良好。Enviroplastic-H 能迅速完全溶化及分解，或在几周内溶化、分解；Enviroplastic-C 必须通过微生物的作用才能降解，所以特别适用于制作与水接触的产品。

这个种类的成员还比如聚酰胺类纤维。聚己内酰胺(PA6)具有很好的稳定性，但可以通过改性而可生物降解。己内酰胺和己二酸丁二酯的共聚物可以在高速下纺丝(2000 米/分)，并得到强度为 10.8 g/d，伸长为 59%的纤维。将 PA6 经丙烯酸接枝共聚改性后，再经熔融纺丝制成纤维。丙烯酸的引入，提高了该纤维对水的敏感性，当丙烯酸的接枝率较大(>7%)时，其生物降解速度有较大的提高。将 PA6 和 PLA 共混纺丝，也可得到可生物降解纤维。德国拜耳公司研制开发的生物可降解聚酰胺酯(Polyester Amide)纤维材料 BAK，是由合成原料生产的半晶态热塑性物质，既适合热成型加工和用作涂层材料，也能用于生产短纤维和长丝，该纤维特别适合制造园艺用网袋和包装材料。聚碳链类纤维聚乙烯醇(PVA)纤维 PVA 是最易降解的聚碳类聚合物。PVA 纤维的水溶性和机械性能因分子量和皂化度而异。PVA 的生物降解速度，随其皂化度的增加而增加，如 K-Ⅱ纤维在 25 ℃的活性污泥中降解 35 天后，其失重率达 80％以上。1997 年可乐丽公司开发了 PVA 的新纺丝方法——有机溶剂纺丝该公司采用此法制备了一系列可生物降解的纤维产品 KⅡ纤维。

由此可以看出，可生物降解纤维是一种非常具有专业性的纤维，但它的应用也为环保事业的发展大有裨益。因此我们建议今后科学研究投入更多的时间和精力用于可生物降解纤维的开发与利用。

避免生活浪费的好帮手

颗粒状的硅胶干燥剂

说到干燥剂,大家一定不陌生。在潮湿的南方,衣柜中就常常需要放置干燥剂。它可以吸收空气中多余的水分,使我们的衣服保持干燥的状态。这是干燥剂和我们日常生活关系最密切的时候。当然,干燥剂的种类也非常丰富,比如木材干燥剂,硅胶干燥剂等。今天我们要说的就是这种颗粒状的硅胶干燥剂。

硅胶干燥剂是一种高活性吸附材料,通常是用硅酸钠和硫酸反应,并经老化、酸泡等一系列后处理过程而制得。硅胶属非晶态物质,其化学分子式 $m\mathrm{SiO_2} \cdot n\mathrm{H_2O}$。不溶于水和任何溶剂,无毒无味,化学性质稳定,除强碱、氢氟酸外不与任何物质发生反应。硅胶的化学组分和物理结构,决定了它具有许多其他同类材料难以取代的特点。硅胶干燥剂吸附性能高、热稳定性好、化学性质稳定、有较高的机械强度等。

硅胶干燥剂是透湿性小袋包装的不同品种的硅胶,主要原料硅胶是一种高微孔结构的含水二氧化硅,无毒、无味、无臭,化学性质稳定,具强烈的吸湿性能,是一种高活性吸附材料。通常是用硅酸钠和硫酸反应,并经老化、酸泡等一系列后处理过程而制得,因而广泛用于仪器、仪表、设备器械、皮革、箱包、鞋类、纺织品、食品、药品等的贮存和运输中控制环境的相对湿度，防止物品受潮、霉变和锈蚀。

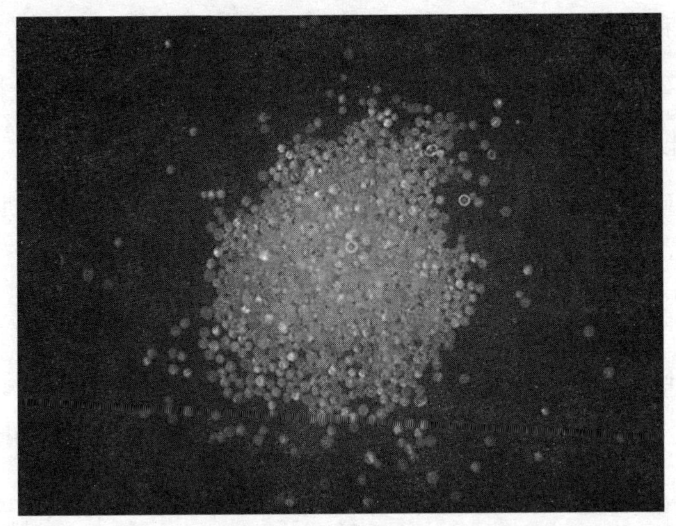

硅胶本身是一种中性物质，除与强碱、强酸在一定条件下发生反应外，不会与其他任何物质发生反应。同时，硅胶也是唯一通过美国 FDA 认证，可与药品、食品直接接触使用的干燥剂。

硅胶干燥剂发生误食后，不用紧张。它不会对人体造成伤害，也不会被人体吸收。发生误食后可饮用一些牛奶，这样硅胶干燥剂就会很快随人体粪便排出。但是，硅胶有很强的吸附能力，对人的皮肤能产生干燥作用，因此，操作时应穿戴好工作服。若硅胶进入眼中，需用大量的水冲洗，并尽快找医生治疗。

硅胶干燥用途广

硅胶干燥剂的用途非常广泛，药品、机械、光学电子、精密仪器、仪表、种子、加工食品、茶叶、各种化纤纺织、皮鞋、皮革、运动鞋以及文物档案、照相机、工艺美术品等一切需要防潮防霉的物品，都可以派上用场。具体说明如下：

1. 硅胶干燥剂可用于瓶装药品、食品的防潮。保证内容物品的干燥，防止各种杂霉菌的生长。

2. 硅胶干燥剂可作为一般包装干燥剂使用，如箱包、服装、鞋帽、皮革等，防止货物在仓储或运输过程中因受潮而影响产品质量。

3. 硅胶干燥剂可方便置于电子产品、仪器仪表、家用电器、机械设备等产品中，防止货物因受潮而影响产品质量。

4. 硅胶干燥剂可置于运输集装箱内，防止集装箱雨的产生。

5. 硅胶干燥剂最适合的吸湿环境为室温(20～32 ℃)、高温(60～90 ℃)，它能使环境的相对湿度降低至40％左右，因此干燥剂应用范围非常广泛。

硅胶干燥剂既可以用作空气净化剂，去除空气中的水分以控制空气湿度，也可作为两层平行密封玻璃板之间的除湿，可保持玻璃的透明度，在海运中也有广泛的应用。粗孔硅胶干燥剂常用做脱水剂和干燥剂、催化剂载体，同时能除去变压器绝缘油中的有机酸和水，另外因其孔径较大，还可作为硅胶深加工的原料。而蓝色硅胶干燥剂是当做指示剂使用，以其指示干燥剂吸水饱和程度，用于干燥吸湿。

硅胶干燥剂的分类

那么硅胶干燥剂的分类有哪些呢？如果按原料性质分类的话，可以分为：

1. 细孔硅胶干燥：该产品外观呈白色、半透明状玻璃体。主要用于干燥、防潮，可用作催化剂载体以及有机化合物的脱水精制。因其有堆积密度高和低湿度下吸湿效果明显的特点，可用作空气净化剂，去除空气中的水分以控制空气湿度。同时，它在海运中有广泛的应用，也可作为两层平行密封玻璃板之间的除湿，可保持玻璃的透明度。

2. 粗孔硅胶干燥剂：该产品外观呈白色，有块状、球形、微球形三类，相对湿度较高环境下吸湿效果更显著，常用做脱水剂和干燥剂、催化剂载体，同时能除去变压器绝缘油中的有机酸和水。另外因其孔径较大，还是硅胶深加工的原料。

3. 蓝色硅胶干燥剂：该产品是一种具有高度细孔结构，蓝色、半透明，经吸湿其颜色由蓝色变成浅红色，可与一般细孔球形硅胶混合使用做指示剂，以指示干燥剂吸水饱和程度，主要用于干燥吸湿。

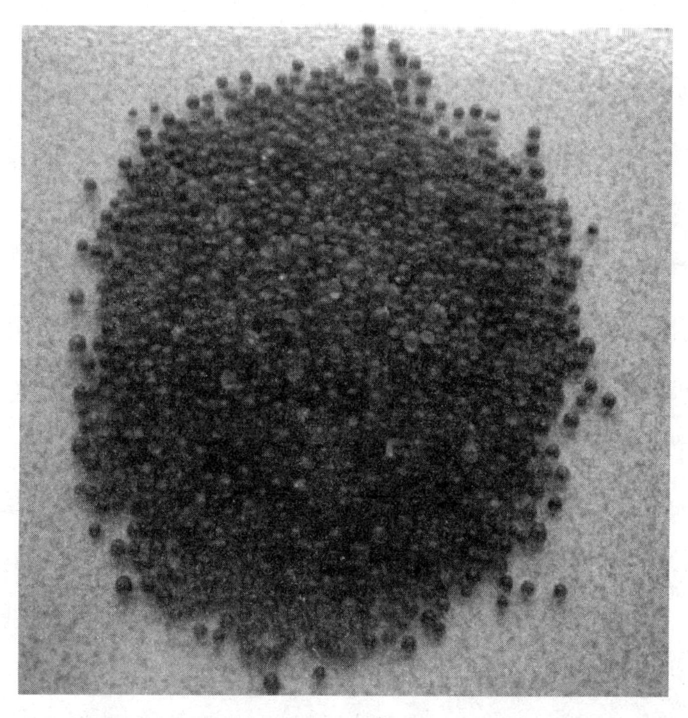

4. 无钴变色硅胶干燥剂：无钴变色硅胶干燥剂外观为橘黄色或半透明玻璃状颗粒，具有很强的吸湿能力并在吸湿过程中其外观颜色会随着吸湿量的增加而产生明显的颜色变化。无钴变色硅胶干燥剂既可以单独使用又可以与细孔硅胶配合使用(所占比例为5%或更高)。当未受潮时呈橘黄色,吸潮后逐渐变成浅绿色,继续吸潮变成墨绿色时,则需要更换新的硅胶或再生使用。无钴变色硅胶干燥剂为不含氯化钴环保型,是蓝色硅胶的替代品。

按产品用途分类

按产品用途分类可以分为:

1. 药用、食品用硅胶干燥剂:药品食品用硅胶干燥剂的标准主要是要符合国家食品药品监督管理局制定的药品包装容器(材料)标准:《药用固体纸袋装干燥剂标准》,该标准规定了对“固体制剂滤纸袋包装的细孔球型硅胶干燥剂”的要求,其中除了对干燥剂袋外观、强度,吸附剂的含水率、吸湿率等干燥剂基本性能要求外,着重就干燥剂在有害物质含量(如砷含量等)、微生物限度、脱色性能等方面进行了规定。

2. 鞋帽用硅胶干燥剂:鞋帽用硅胶干燥剂亦可被认为是用于一般货物干燥、防潮的干燥剂。其主要要求硅胶干燥剂本身不能含有国际相关标准中的违禁物质、包装材料透气性良好且结实耐用,同时在其吸附效果上面达到其他干燥剂无法达到的效果。

3. 电子产品用硅胶干燥剂:电子产品,特别是湿度敏感电子元器件对包装湿度控制也有很高的要求,美国电子工业联接协会(IPC)和美国电子器件工程联合委员会(JEDEC)联合编制的《湿度敏感表面贴装元器件的包装运输处理使用标准》。

4. 集装箱用硅胶干燥剂:集装箱用硅胶干燥剂主要被用于海运集装箱内,用来吸附集装箱在海洋运输或存储过程中,货柜因为经历海洋高湿气候及较大的昼夜温差变化,集装箱内的水蒸气就会凝结成水珠而形成的“集装箱雨”,以降低集装箱内空气水分的含量,防止集装箱雨的产生。

硅胶干燥剂具有广泛的用途，也因为其本身无毒无害的特性而成为备受青睐的一种干燥剂类型。硅胶干燥剂的应用也为节能环保的新材料家族增添了一名不可或缺的重要成员。希望大家以后使用干燥剂时都用硅胶材料的，为我们的环保事业做出一份贡献。

让先进材料走入千家万户

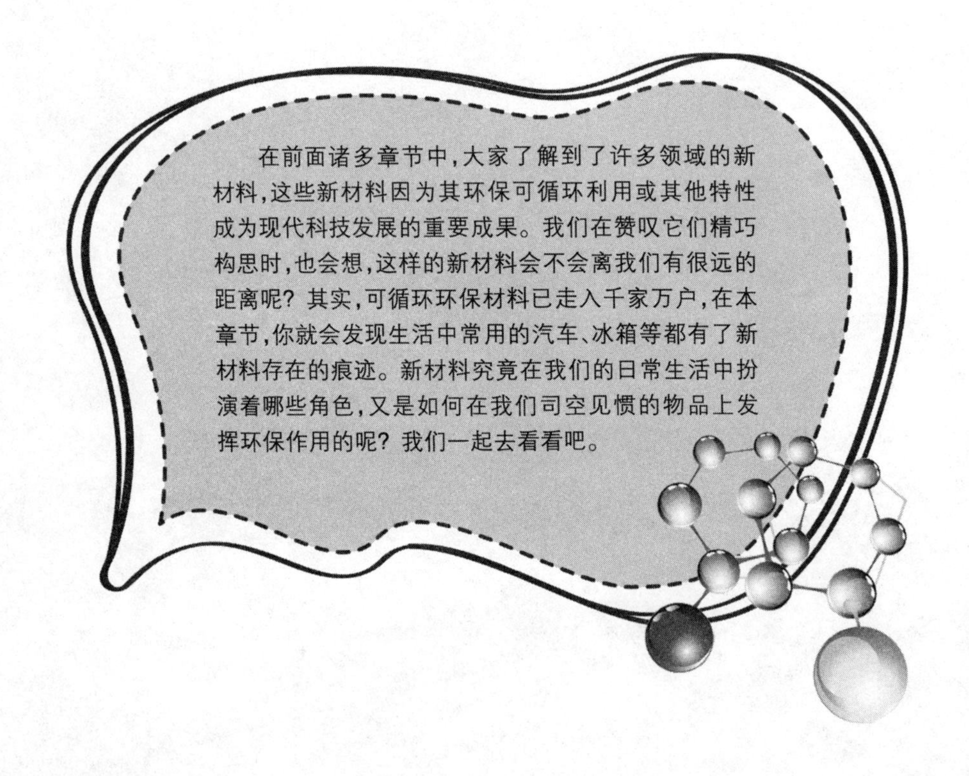

在前面诸多章节中，大家了解到了许多领域的新材料，这些新材料因为其环保可循环利用或其他特性成为现代科技发展的重要成果。我们在赞叹它们精巧构思时，也会想，这样的新材料会不会离我们有很远的距离呢？其实，可循环环保材料已走入千家万户，在本章节，你就会发现生活中常用的汽车、冰箱等都有了新材料存在的痕迹。新材料究竟在我们的日常生活中扮演着哪些角色，又是如何在我们司空见惯的物品上发挥环保作用的呢？我们一起去看看吧。

汽车的未来在哪里？

让汽车更具环境亲和力

汽车已经成为非常普遍的代步工具，车流人流的密集让我们经常碰到堵车的问题。看着路上品牌各异的汽车你可能会感慨万千，除了对美好生活的赞叹，还有对这种钢铁组成的物品的疑惑。开着它会污染环境，有没有什么办法让我们每天都使用的汽车成为具有环境亲和力的环保物品中的一部分呢？

答案是有的。无论是燃料，还是汽车本身，都可以成为新材料大显身手的天地。一些著名的汽车公司也纷纷将目光投向新兴的可循环利用的环保材料的市场。

据综合外电报道，标志雪铁龙汽车(PSA)近日承诺，在2015年前，将把当前PSA汽车所使用的1/3的塑料聚合物用可循环材料替代。当前PSA汽车重量的20%来自于车上不可循环塑料聚合物制品，包括扰流板、支架、包裹架及坐椅。PSA的目标是将这些塑料制品的1/3用亚麻和大麻等天然纤维、可回收的生物塑料和塑料聚合物进行替代。PSA英国分公司发言人彼得·伯克表示："汽车现在使用的材料有20%是不可回收的。这20%就是我们努力的方向。"机动车拆卸协会(Motor Vehicle Dismantlers' Association)秘书邓肯对PSA的做法表示非常欢迎。他表示："现在我们的报废车辆回收利用率是85%。任何能够提高回收率的做法都将给整个汽车行业乃至整个社会带来益处。”他还表示：“随着塑料循环利用技术的进步越来越快，到 2015 年我们的报废车辆回收利用率将达到 95%。实现这一目标的关键是找到新型可循环材料。”

菲亚特的环保汽车梦

除了雪铁龙，菲亚特公司也做出了这样的决定：采用可循环材料生产菲亚特推环保概念车。他们说，随着中国汽车市场的不断发展，中国已成为众多汽车的生产大国中的一员。而一直困扰中国的能耗问题，有望在不远的将来得以解决。近日菲亚特表示将在下个月的日内瓦车展上，展出菲亚特 500Aria 概念车。这台利用可重复材料、环保的小车是基于普通的菲亚特 500 改造的，突出了低燃油消耗以及最新的排放削减技术，预计明年正式投产。

Aria 将搭载一台 1.3 升 16 气门多点喷射柴油发动机，采用了反细微颗粒的 DPF 过滤，排放达到欧Ⅴ标准，与其配合的双自动变速箱采用了新的 stop—start 技术，在城市中行驶将减少 10%的燃油消耗，同时碳排放达到 98 克/千米。其他的省油技术包括低动力辅助系统、削减重量的

技术以及采用低摩擦的倍耐力轮胎。

车辆内部采用了大量可再循环材料，比如底板来自废旧的轮胎，坐椅软垫采用可循环材料，织物等表面采用有机可降解材料。菲亚特表示，所有的解决方案和开发程序已在2008年完成，并随后就开始生产。

随着中国进入高能源消耗的时代，节能减排成为我国政府的当务之急。而像菲亚特500Aria车型所采用的可循环利用的材料，就非常值得我们去借鉴。相信随着技术的革新，像菲亚特500Aria也会慢慢的出现在我们的身边。

核能驱动很环保

如果以上两种车是在使用材料领域做出调整的话，那接下来的这款车将在动力领域带给我们惊喜。相信很多人在车展上看见凯迪拉克WTF，不一定会为它那漂亮绝伦的外观所惊叹，而会被它注明的核动力概念车这几个字所震惊。甚至，胆小点的可能还会远离它，以免被不小心泄露的核辐射所伤害。刚知道这个事情的时候，笔者也认为这是科学幻想，估计是什么人恶搞出来的东西。然而，仔细研究之下，发现这真的不是幻想，而是实实在在的事情，核动力汽车的问世已经不再遥远。

确实，很多人都疑惑，如此娇小的一个车，如何能保证核反应堆的安全？它真的是靠核动力驱动的吗？

实际上，早在上世纪50年代，福特便推出了这样的一款空前的核动力概念车Nucleon，但时代抛弃了这个老一代的核动力车型。

福特Nucleon确实只是个概念。从它的塑模模型上可以看到，在前后轴之间安装核反应堆。它以铀元素的核裂变为能源，能够把水变成高压蒸汽，再推动涡轮叶片驱动汽车。然后蒸气在冷却之后返回核反应堆里面再次加热。只要核燃料还没用完，它就能不断发出动力。按照当时的设计思想，大约在 8000 千米核燃料耗尽之后，核燃料将能够在路边的“加铀站”得补充。不过，当时考虑到市民对于核物质的恐惧心理，这一设计最终搁浅。

而随着时间的推移，当人们渐渐开始接纳各种各样的新原料、新概念。如今，钍这个看似危险的元素在工程师的手中化成了炙手可热的新能源，于是凯迪拉克 WTF 概念车问世了。

凯迪拉克 WTF 这样一个命名组合是在凯迪拉克现有车型中不曾看到过的，这也清楚地向消费者转达了它是独一无二的一款凯迪拉克的概念。WTF 是取自 World Thorium Fuel 的词首字母，意思是钍燃料。

钍是一种放射性的金属元素，它地球上的储量几乎同铅一样丰富。钍在核反应中可以转化为原子燃料铀 233，所储藏的能量比铀、煤、石油和其他燃料总和还要多许多。凭借着这一特性，驱动这辆车所需要的钍燃料极少，因此它的发动机几乎在 100 年之内不需要保养。当然，这是个理想化的数字，但它确实开启了汽车新能源开发的另一扇大门。

另外，凯迪拉克 WTF 概念车拥有四组共 24 条的车轮，每组车轮由 6 条单车轮胎组成，并具有 4 个单独的电动马达。其设计师表示：凯迪拉克 WTF 概念车的车轮已避免使用石油以及橡胶为原料，因此将更加的环保，且轮胎也只须每隔 5 年进行一次保养，无需增添任何辅料。这真的是令人吃惊的概念设计。

相信，正如 WTF 并非空前设计，WTF 也一定不会是绝后设计。在 WTF 的启发下，未来会有越来越多的核燃料车型问世。或许在我们看得见的数十年里，核燃料车就将成为最高效的出行工具了。只是，屁股下面坐着一个核反应堆的感觉如何还无法知道！

这估计也会是很多人眼中“打死也不坐”的最危险的汽车。

纳米材料引领未来

令人困惑的纳米材料

最近几年，我们时常看到这样的广告语“采用最新纳米工艺制造”“纳米制造、安全可靠、高科技产品”，如此云云。

一种种纳米产品突然出现在我们的眼前让我们眼花缭乱，对于大多数没有接触过这种新鲜事物的人来说，到底什么是纳米？纳米能做产品就这么好？

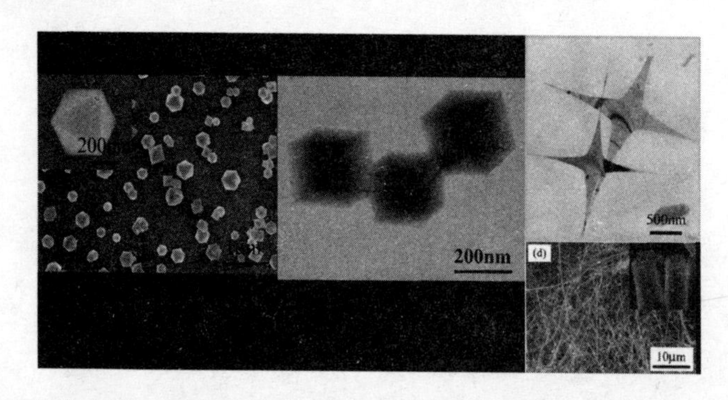

其实并非如此，很多产品只是打着纳米的噱头来做幌子而已。要说纳米就不能不提到纳米技术和纳米材料。其实我们看到的种种纳米产品都只是利用纳米技术或使用纳米材料制造的而已。纳米仅仅只是一种长度单位，诸如厘米、米或者千米，它既不是材料也不是技术。只不过这种长度单位表示的极其微小，有 10^{-6} 毫米(百万分之一毫米)。大家都知道原子是构成化学元素的基本单位，也是化学变化中的最小微粒，人只有在高倍显微镜下观察到，而纳米级的物体，则仅仅比原子大数倍而已，如果这么说我们还不能充分理解它究竟有多小，那就再举个例子，我们的一个头发假设直径为0.05毫米的话，那将这个头发径向平均剖成50000根，那这一根的厚度也就是1纳米了。

纳米技术和纳米材料

那么通常被省略说成是纳米的纳米技术和纳米材料又是什么，它们是不是一回事呢？纳米技术也称作毫微技术，它其实是一种专门研究结构在0.1～100纳米范围内材料的性质和应用的技术。纳米技术的提出还要归功于一位物理学家——理查德·费曼。1959年，当时还在美国加州理工大学任教的理查德·费曼教授在《底部还有很大空间》的演讲上向同事们提出了一个大胆的想法。从石器时代开始，人类从磨尖箭头到光刻芯片的所有技术，都与一次性地削去或者融合数以亿计的原子以便把物质做成有用的形态。费曼质问道，为什么我们不可以从另外一个角度出发，从单个的分子甚至原子开始进行组装，以达到我们的要求？他说："至少依我看来，物理学的规律不排除一个原子一个原子地制造物品的可能性。"于是，纳米技术就这样被提了出来，直到1990年，IBM公司成功的对单个原子进行了重排，纳米技术取得了重大的突破。随着科学家们的不断研究，关于纳米技术的突破不断涌现，1999年，巴西和美国的科学家们在进行纳米碳管的实验的时候发明出了世界上最小的"秤"，这种秤可称不了我们的水果茶米，它只能称有十亿分之一克重的物体，即相当于一个病毒的重量；此后不久，德国科学家研制出能称量单个原子重量的秤，打破了美国和巴西科学家联合创造的纪录。随后纳米技术如雨后春笋般涌现并逐步走向来了市场，仅 1999 年一年纳米产品的交易额就高达 500 亿美元，难怪美国将纳米技术视为了下一次工业革命的核心。

而纳米技术中，主要包括纳米材料、纳米动力学、纳米生物学和纳米药物学、纳米电子学四个方面，而最主要的便是纳米材料了。纳米材料和我们平常接触的材料极不相同，纳米材料有着自己的“个性”。当物质到了纳米尺度的时候，大约 0.1～100 纳米范围内，物质的性能就会发生突变，出现出特殊的性能，这种既具不同于原来组成的原子、分子，也不同于宏观的物质的特殊性能构成的材料，即为纳米材料。比如一个能够导电、导热的铜或者是银导体做到纳米尺度以后，它们会神奇的失去原来的性质，变得既不导电，也不导热。

“纳米”引发的革命

因此纳米、纳米技术、纳米材料可以说是各不相同，纳米是度量衡，而纳米技术则是包括纳米材料的一种技术手段。

纳米技术的出现被誉为是一场技术革命，看看我们满大街小巷纳米这个词汇的广告也可见一斑。纳米技术、纳米材料正在让各个领域发生着翻天覆地的变化。

以纳米技术制造出的电子元件，不仅要比普通的硅器件快 1000 倍，而且能耗却是硅器件的 1/1000。还在担心你的汽车外壳容易撞出一个大窟窿？使用金属纳米颗粒粉制成的块状金属材料强度要比一般金属高出十几倍，还能拉伸十几倍，制成的汽车、轮船想撞坏也没那么容易。要想汽车跑得快，没关系，使用纳米陶瓷制造的发动机，汽车跑得快，飞机飞得高。以后生病怎么办，不用再做风险太大的手术，只需纳米机器人进入你的体内，清除毒素，一身轻松！

其实纳米材料在自然界已经存在了很久。鸽子、海豚、蜜蜂等等这些生物从来不会迷路，这是为什么呢？生物学家们终于找到了原因，他们的体内有纳米材料来导航。每年海龟都会在佛罗里达州海边产卵，当幼小的海龟破壳而出，它们为了寻找食物，却要游到英国附近的海域，才能得以生存和长大。最后，长大的海龟还要再回到佛罗里达州的海边产卵，如此来回约需 5～6 年。它们经这么多年的长途跋涉还能找到回来的路，究其原因，便是头部的纳米磁性材料在起作用。

纳米技术在以不可思议的速度来改造着我们的生活，但是每个事物都是利与弊共存的，究竟纳米材料有没有危害呢？

近些年有不少科学家发表的研究成果显示，纳米颗粒对生物细胞具有相当的毒性，比如纳米材料会导致生物细胞的凋亡、功能损伤甚至是生物体死亡。

尽管科学家对于纳米材料的危害性做出了种种研究，但是科学家们也提醒大众并无需为此而担心，因为纳米材料一般要变成粉末才会显现出其危害性。就目前的纳米材料使用情况看，大规模的纳米环境污染短期内还谈不上，公众不必因学界的研究而产生恐慌。

一场纳米材料的风暴已经席卷了全球，谁都不能阻止这种进步，我们能够做的就是善意的引导与不断完善技术。

生活处处添新意

塑料制品的革命

据日本《产经新闻》报道：松下公司称，将推出 4 款使用可循环材料制作的白色家电，将废弃显像管电视机的玻璃用作隔热层的冰箱就是其中一款。回收利用废弃家电的塑料后加工成再生资源合理利用，会大大减少环境负荷。原本节能技术就非常突出的松下，试图通过此举，再一次向环保意识高的消费者展示其积极承担环境保护责任的一面。松下今后还将增加白色家电的种类，推出使用可循环材料的空调等。据悉，松下将废弃显像管玻璃熔化后，制成细密的玻璃纤维，用于制作冰箱的隔热材料。松下还将推出用回收的废弃家电的塑料外壳制成的烘干一体洗衣机、电饭煲、吸尘器等产品。此外，松下还研发了提高再生塑料的外观及品质的技术。与此前的产品相比，再生塑料的使用率大大提升。

上海心尔新材料科技股份有限公司最近开发成功了环保智能型蔬果保鲜集装箱。塑料箱最大的特点是环保、节能，可实现蔬果的保鲜、保湿、保质。该塑料箱的工作原理是将果蔬置于一个完全密封、有一定负压且温度、湿度、臭氧等环境指标可调的环境中，通过调节、诱导和控制其呼吸，让果蔬达到休眠状态，并抑制微生物活性，使其在成熟的条件下保鲜期延长至 60 天以上。该产品的问世能让边防哨所、海岛驻军、荒漠中石油钻井、地质勘探、远洋货轮和军队补给等特殊环境的工作人员每天都能吃到新鲜的水果和蔬菜。

空调也有环保新材料的应用。据悉，三菱重工就推出了一款型号为SRKZS25H的空调产品，它使用环保材料制成，三菱重工SRKZS25H空调采用了国际专利的霉素溶菌过滤网，使得我们的居室生活更健康。这款产品拥有智能安装位置设定功能，在安装时，可以根绝设定调节位置，它的立体送风方式，使得居室更凉爽，可以使风轻松吹到房间的每个角落。

照明领域的新变化

在照明领域中，有LED光源的出现。LED光源有着非常明显的优点：

首先也是最大的优点就是高节能性，而能够节约能源并且无污染即为它的环保性。直流驱动的LED灯是超低功耗（单管0.03～0.06瓦）的，它的电光功率转换接近100%，几乎没有能源浪费。相同照明效果比传统白炽灯光源节能90%以上。简单地做个比喻，如果我国现在的照明体系中，有10%的白炽灯换成LED照明，全年节约的电能就相当于一个三峡电站的发电量。想一想，这是多么恐怖的节能效应啊。

其次也是它能够获得全面推广的关键，就是LED等的寿命超长。有人把LED光源称为长寿灯，意为永不熄灭的灯。因为它的结构是属于固体冷光源，用环氧树脂封装，灯体内没有松动的部分，不存在灯丝发光易烧、热沉积、光衰等缺点，所以它的使用寿命可长达6万到10万小时，是传统白炽灯寿命的100倍以上。这就意味着，即使LED灯比相同光照度的白炽灯贵上100倍，在平均每小时照明的花费上也可以相互持平，再加上它省电90%的特性,谁都会选择购买这种利国利民也利己的LED灯。

再次,LED等是一种多变幻的发光灯具,它利用红、绿、篮三基色原理,可以在计算机技术控制下使三种颜色具有256级灰度并任意混合,即可产生256×256×256=16777216种颜色,形成不同光色的组合变化多端,实现丰富多彩的动态变化效果及各种图像,这是现在制作超大型户外显示屏应用技术的主流。也许,未来的家庭照明就将是显示器与照明灯具的结合体;也许,天花板上即使照明光源,也是4D环幕电视屏幕;也许,液晶电视同时也是我们客厅的照明主灯;也许,晚上睡觉的时候,真的可以看着天花板上的模拟星空入眠;也许……太多的想象空间留待我们的LED灯为我们实现!

最后,我们还要看到LED等的环保效益更佳。由于LED光谱中没有紫外线和红外线,既没有热量,也没有辐射,眩光小,而且废弃物可回收,没有污染,不含汞元素,是标准的冷光源,可以安全触摸,属于典型的绿色照明光源。如此优秀的光源,不用岂不可惜?!

当然,有其优点也就有其缺点,LED照明现在最大的缺点就是生产成本较高,售价较贵。所以,常有人说,节电技术是省电不省钱,因为你为了省电而购买省电产品多花的钱足够你交电费。

其实不是这样的。普通节能灯比白炽灯贵10倍,可是它的寿命也是白炽灯的10倍,购买灯具的成本平均到使用时间上是相当的,再加上省电70%以上,使用节能灯还是很划算啊!而LED灯的价格又是普通节能灯的10倍,是普通白炽灯的100倍。单看这个价格是非常昂贵的,幸运的是,LED灯的寿命也是普通节能灯的10倍,是普通白炽灯的100倍,而电力节约却是普通白炽灯的90%以上,这样一看就知道,使用LED照明实在是非常划算的事情。

很多LED灯生产厂家在促销宣传的时候都忽略了这个问题，老是向别人宣传这灯如何地节能，却没有给客户算清楚这笔卖价高而寿命长的划算账，导致很多人都因为LED等的高昂价格而望而却步，实在可惜。仔细想想，无论怎么算账，用这LED灯都要划算得多啊。

目前，从全球来看，半导体照明产业已形成以美国、亚洲、欧洲三大区域为主导的三足鼎立的产业分布与竞争格局。随着市场的快速发展，美国、日本、欧洲各主要厂商纷纷扩产，加快抢占市场份额。根据目前全球LED产业发展情况，预测LED照明将使全球照明用电减少一半，2007年起，澳大利亚、加拿大、美国、欧盟、日本及中国台湾等国家和地区已陆续宣布将逐步淘汰白炽灯，发展LED照明成为全球产业的焦点。

中国LED的新发展

中国LED产业起步于20世纪70年代。经过30多年的发展，中国LED产业已初步形成了包括LED外延片的生产、LED芯片的制备、LED芯片的封装以及LED产品应用在内的较为完整的产业链。在"国家半导体照明工程"的推动下，形成了上海、大连、南昌、厦门、深圳、扬州和石家庄七个国家半导体照明工程产业化基地。长三角、珠三角、闽三角以及北方地区则成为中国LED产业发展的聚集地。

目前，中国半导体照明产业发展向好，外延芯片企业的发展尤其迅速、封装企业规模继续保持较快增长、照明应用取得较大进展。2007年中国LED应用产品产值已超过300亿元，已成为LED全彩显示屏、太阳能LED、景观照明等应用产品世界最大的生产和出口国，新兴的半导体照明产业正在形成。国内在照明领域已经形成一定特色，其中户外照明发展最快，已有上百家LED路灯企业并建设了几十条示范道路，但国内在大尺寸LED背光和汽车前照灯方面仍显落后。

2008年北京奥运会对LED照明的集中展示让人们对LED有了全新的认识，有力推动了中国半导体照明产业的发展。当前中国半导体产业产业大而不强，核心竞争力仍有待于进一步提升。对国内企业而言，壮大规模、提高产品质量与技术水平是首要任务，提高未来取得大厂专利授权时的要价能力，或逐步通过研发突破核心专利。

从产业发展前景和趋势来看，由于环保节能减排日益受到人们重视，使得半导体照明的应用日益广泛，也使得国内外大批厂商竞相投入这一新兴产业领域。中国经济的飞速发展使得国际资本和民间资本对中国半导体照明市场青睐有加，近年来在国内市场掀起投资热潮，预计2010年中国整个LED产业的产值将超过1500亿元。

事实上，目前正在推广的太阳能LED路灯系统就是一种比较完美的城市路灯省电设施。白天，利用路灯上自带的太阳灯采集器给路灯电池充电，晚上，用电池中的电供给低功耗LED灯泡发光照明。基本上，在日照条件较好的地方，一个白天的充电就可以提供8～10小时的夜间照明，基本能够满足需要。要知道，这是完全不花一分钱电费的公用照明系统啊。

而且，这样的系统，即使在日照不足的地方也能使用，完全可以搭配市电供电，互补能源为路灯供电，一样起到一定的省电和省钱的作用。在当今这个节能减排为中心的建设环境中，这样的技术必将发挥他无尽的威力。

循环利用新反思

循环利用成必然

在资源日益枯竭的现代社会,我们无时无刻不在苦苦思索变化之道,能够让人类得以平稳生存和发展下去。对于已经习惯了现代生活的人们来说,再让我们适应刀耕火种的时光恐怕是比“登天还要难”了。一时找不到替代品时,循环利用恐怕是一个最佳方案了。

循环是将废品变为可再利用材料的过程,它与重复利用不同,后者仅仅指再次使用某件产品。

根据环境保护署的资料,美国 13%的固体垃圾(即通过垃圾收集系统处理的垃圾)为循环处理。相比之下,14%的固体垃圾为焚烧处理,73%为填埋处理。

循环提供了一种既能减少垃圾填埋又能节约自然资源的方法，因此很具有吸引力。80 年代后期，随着环保意识的增强，公众开始认为循环是保护环境的关键。美国环境保护署计划于 1992 年前将循环处理的固体垃圾量由 13%提高到 25%。聚苯乙烯等塑料制品传统上并未大规模的循环利用，因此为了达到美国环境保护署的要求并改善在公众中的形象，许多生产商大量宣传他们对纸张的循环利用。

然而，循环利用并不总是有经济效率的，甚至并不总是有益于环境的。流行的对循环的强调源于两个错误概念：填埋和焚烧是“坏”的，填埋空间日趋缺乏。亚利桑那大学的考古学家威廉一直致力于研究垃圾，他说填埋可以安全的选址和设计，而且美国除了东北部的一些地区以外还有充足的空间。工程师们知道垃圾填埋场要避开河流、湿地等有水的地方，并且设计了监控系统保证任何泄露在造成危害之前被发现。

至于填埋空间的问题，纽约州于 80 年代末期委托了一项潜在填埋地的研究。研究表明有 200 平方英里(英制单位，1 平方英里约合 2.59 平方千米)的土地可用于填埋，虽然占整个州的面积很小，但是仍足够建好几个填埋场。社区对填埋场的抵制(即“不在我的后院里”)近几年也有所减弱，因为填埋场意识到付钱给社区可以促进他们接受填埋场。例如，《垃圾时代》杂志报道弗吉尼亚州的查理县将每年从填埋场处得到超过一百万美元；威斯康星州首府麦迪逊的一家公司将在 12 年的时间里支付 6 百万美元以取得建造填埋场的权利。这些费用包括重建道路、经营附近的停车场以及距填埋场特定距离内住户的财产保证金。

各种类型材料循环利用不尽相同

在缺乏政府管制的情况下，每种材料的经济特性决定了它的循环利用程度,例如大约55%的铝罐都被循环利用了。这个比例相比之下很高,反映出回收铝一般比生产新的铝便宜。回收铝所需的能量不到从铝土矿中生产铝所需能量的10%。循环回收率随着铝罐进军饮料市场而提高。1964年仅有2%的饮料罐为铝制,1974年已经是40%,到了1990年已经约有95%。公众对垃圾的担忧推动了计划中和现行的要求饮料容器保证金的法律,因此1968年Reynolds金属公司率先建立了铝罐回收中心。但是七十年代飞速上涨的能源价格和对切断能源供给的担心才真正使循环回收有吸引力。

纸张和纸板——固体垃圾的最主要成分——也被广泛的循环利用。由于纸板的原材料可以是很多种使用过的纸,将不同种纸分离的成本较低,瓦楞纸箱的应用广泛(比如杂货店),收集可以很有效率,因此1988年有45%的瓦楞纸箱被循环利用。

与之相反,高昂的收集和分离费用限制了塑料的循环利用。人们不愿意清洁并分类用过的塑料制品。事实上,塑料循环基金的一项研究表明,志愿的交付和回购中心不能收集到足够的塑料制品使得全国范围内的循环在经济上自给自足。此外,不同的塑料树脂不能混合再加工(为了解决这个问题,塑料包装行业用不同的标记代表不同的树脂,使得费用在未来能有所降低)。尽管有这些限制,但现在已经有20%的塑料软饮料瓶被循环利用。

循环利用的问题

讽刺的是,循环利用并没有消除对环境的担心。以报纸为例,首先必须清除掉与化学物品混在一起形成的油泥,这些油泥即使是无害的也必须处理掉;其次,回收更多报纸不会保护树木,因为有的树是特地为造纸而培育的。一项研究测算表明如果纸张的循环利用率达到了40%（现在是30%），原生纸的需求将减少7%，经济学家怀斯曼认为“一些原本种树的土地将会改作其他用途。”尽管这种冲击不会很显著，却与大部分人的期望背道而驰。最后一点，路边回收计划需要更多的卡车、消耗更多能源、制造更多污染。

限制循环利用一个主要因素是当地的垃圾销毁价格很少反映其真实成本。大多数垃圾收集系统都被政府控制或拥有，垃圾收集的费用被平摊，有时成为地方税收的一部分。垃圾收集者不加分别地收集人们丢弃在路边的垃圾，市民也不因丢弃垃圾的多少而受到相应的奖惩。因此，人们没有减少产生垃圾的激励。与此相反，私人拥有的垃圾收集系统不受地方价格管制的限制，他们会为垃圾处理精确定价，以保持盈利。这种精确定价——即对产生垃圾多的人收取高价——会鼓励人们少制造垃圾。